Nadia Rbahi
Mohamed Mechergui

Analyse du réseau de drainage de l'oasis de Mahjoub Gabès Tunisie

Nadia Rbahi
Mohamed Mechergui

Analyse du réseau de drainage de l'oasis de Mahjoub Gabès Tunisie

Analyse et diagnostic du réseau de drainage de l'oasis de Mahjoub Ghannouch Gabès Tunisie

Presses Académiques Francophones

Imprint
Any brand names and product names mentioned in this book are subject to trademark, brand or patent protection and are trademarks or registered trademarks of their respective holders. The use of brand names, product names, common names, trade names, product descriptions etc. even without a particular marking in this work is in no way to be construed to mean that such names may be regarded as unrestricted in respect of trademark and brand protection legislation and could thus be used by anyone.

Cover image: www.ingimage.com

Publisher:
Presses Académiques Francophones
is a trademark of
International Book Market Service Ltd., member of OmniScriptum Publishing Group
17 Meldrum Street, Beau Bassin 71504, Mauritius

Printed at: see last page
ISBN: 978-3-8416-3348-4

Copyright © Nadia Rbahi, Mohamed Mechergui
Copyright © 2015 International Book Market Service Ltd., member of OmniScriptum Publishing Group
All rights reserved. Beau Bassin 2015

Dédicaces :

A mes chers parents Jamel Eddine et Zeineb

Vos sacrifices et vos encouragements ont été pour moi le meilleur gage de ma réussite.

Par votre patience, votre amour et votre confiance en moi,

Vous avez tout fait pour mon bonheur

A mon cher frère Anis et A ma chère sœur Inès

A mon cher fiancé Ala Eddine

A ma belle-sœur Beya

A mes deux belles nièces Tesnime et Teyssir

Où ils trouvent ici l'expression de mon attachement et ma profonde affection.

A toute ma famille

A mes amis(es)

A tous ceux qui me sont chers

A tous ceux qui ont contribué à ma formation.

Remerciements :

C'est très chaleureusement que je voudrais remercier ici tous ceux qui m'ont encouragé, ceux grâce à qui j'ai pu avancer jusque là, ainsi que toutes les personnes qui m'ont accompagné tout au long de ce mémoire.

Je tiens à remercier tout d'abord :

*Mon encadreur, **Monsieur Mohamed MECHERGUI** qui, en voulant bien assurer l'encadrement de ce travail, a su m'initier à la recherche et m'a apporté une aide compréhensive et des conseils qui m'ont été très précieux. Je lui suis très reconnaissante d'avoir toujours été attentif, disponible et à l'écoute de ses étudiants.*

***Monsieur Kaddour Ben Henda**, Ingénieur principal et directeur du département Génie rural de CRDA Gabès, pour ses précieuses recommandations, pour son encouragement et sa grande confiance en moi.*

Mes remerciements s'adressent, également, à tous mes enseignants à l'INAT, en particulier je remercie tous les membres de jury d'avoir accepter d'évaluer ce travail.

Mes vifs remerciements s'adressent aux personnels de l'équipe de l'arrondiseement Génie Rural de la CRDA

Je remercie enfin tous ceux qui, de prés ou de loin, m'ont aidé à l'élaboration de ce travail.

Liste des abréviations :

°C : degré Celsius

Ce : Conductivité électrique

Cm : centimètre

NS : Niveau Statique

NP : Niveau Piézométrique

m : mètre

°f : degré français

pH : poids de l'Hydrogène

ha : hectar

l/s : litre par seconde

HMT : Hauteur Manométrique Totale

ms/cm : milli siemens / centimètre

T : Température

Na Cl : Chlorures de Sodium

Cl^- : Chlorures

CRDA : Commissariat Régional au Développement Agricole

m^3/s : mètre au cube par seconde

m^2 : mètre au carré

CP : Collecteur Principal

[L] : unité de longueur

[**L**T^{-1}] : unité de longueur par unité de temps

Résumé :

Cette étude a pour objectif d'analyser et de diagnostiquer le fonctionnement du réseau de drainage du périmètre irrigué de l'oasis de Mahjoub Ghannouch Gabès. L'interprétation des cartes de la profondeur d'eau, de la piézométrie, de la conductivité électrique, de la concentration en chlorures de sodium et en chlorures, mensuelles, ainsi que l'analyse de leurs différentes coupes ont montré que le réseau de drainage en question souffre de plusieurs déficiences malgré le début des travaux d'un projet de réhabilitation. En effet deux zones sont distinguables, une zone humide située au nord de l'oasis où le niveau de l'eau est bas et la salinité marque des valeurs très élevées, et une zone située au sud de l'oasis comportant des puits de surface, caractérisée aussi par une salure élevée mais un niveau d'eau supérieure à la zone précitée. Ainsi La modélisation des écoulements à travers le fossé de drainage rempli tenant compte de la zone non saturée confirme la nécessité de l'intensification du réseau de drainage enterré puisque la zone saturée de la nappe atteint 4.6 m tandis que le plancher imperméable est à 5 m.

Ces complications s'accentuent par la nature climatique de la zone d'étude : la température est élevée donnant lieu à une demande évaporative pointue, qui accompagnée par des déficiences dans le réseau d'irrigation : fossés à ciel ouvert non curés, fossés colmatés et peu profonds, collecteur principal qui n'est pas entrain d'évacuer, drains enterrés avec obstacles d'écoulement, favorisent la propagation de la salinité sur toute la nappe qui va avoir par la suite des effets néfastes sur le rendement cultural.

Finalement, pour éviter ces problèmes, il faut curer d'une façon continue les fossés existants, intensifier le réseau de drainage dans la zone humide, bien redéfinir les besoins en eau des cultures et conceptualiser le tour d'eau.

Mots clés : nappe superficielle, réseau de drainage, fossés, drains enterrés, salure, profondeur d'eau

Abstract :

This study aims to analyze and diagnose the functioning of the drainage in shallow aquifer in Mahjoub oasis Ghannouch Gabes.

The interpretation of water depths maps, the hydraulic head, the electrical conductivity, the concentration of chloride and sodium chloride, monthly, and the analysis of their various sections showed that the drainage in question suffers from several deficiencies despite the start of a rehabilitation project's construction. Indeed two zones are distinguishable, a wetland north of the oasis where the water level is low and very high salinity brand values, and an area south of the oasis with shallow wells also characterized by a high salinity level but greater than said area water. Thus Flow modeling in a drainage ditch filled considering the unsaturated zone confirms the need for the intensification of the underground drainage system since the saturated zone of the aquifer reaches 4.6 m while the floor is waterproof to 5 m.

These complications are the result of the study's climate area nature ,of high temperature resulting in a sharp evaporative demand, which accompanied by deficiencies in the drainage system: open ditches ,not priests sky, clogged ditches and shallow main collector is not about to evacuate, buried drains with flow obstacles, facilitate the spread of salinity throughout the water that will eventually have adverse effects on crop yield.

Finally, to avoid these problems, we must clean out a continuously existing gaps, increase the drainage system in the wetland, well redefine the water needs of crops and conceptualize the water tower.

Key words : shallow aquifer, drainage network, salinity , ditch ,buried darins ,salinity,water depth

خلاصة:

تهدف هذه الدراسة إلى تحليل وتشخيص أداء الصرف الصحي في المياه السطحية في واحة محجوب غنوش قابس .

تفسير خرائط أعماق الماء ، رئيس الهيدروليكي، التوصيل الكهربائي، وتركيز الكلوريد وكلوريد الصوديوم،شهريا، وتحليل الأجزاء المختلفة أظهرت أن الصرف في السؤال يعاني من عدة أوجه القصور على الرغم من بدء البناء في مشروع إعادة تأهيل . بل منطقتين يمكن تمييزها : شمال الواحة الأراضي الرطبة حيث يكون مستوى الماء منخفض و درجة الملوحة العالية، ومنطقة جنوب الواحة مع الآبار السطحية تتميز أيضا من مستوى ملوحة عالية ولكن أكبر من مياه المنطقة السابقة .

وبالتالي فأن نمذجة تدفق المياه في قناة الصرف المملوءة بالنظر في المنطقة غير المشبعة يؤكد على ضرورة تكثيف نظام الصرف الصحي تحت الأرض حيث أن المنطقة المشبعة من طبقة المياه الجوفية تصل 4.6 متر في حين أن الطبقة التحتية المنيعة تقع عن بعد 5 أمتار على سطح الأرض.

هذه المضاعفات هي نتيجة للطبيعة المناخية للمنطقة ، ارتفاع في درجة الحرارة مما أدى إلى الطلب التبخر الشديد، الذي يرافقه أوجه القصور في نظام الصرف : الخنادق المفتوحة ، وانسداد قنوات وجامع الرئيسي ليست على وشك مغادرة، المصارف دفن مع العقبات التدفق، وتسهيل انتشار الملوحة في جميع أنحاء المياه التي يكون لها في نهاية المطاف آثار سلبية على إنتاجية المحصول.

أخيرا، لتجنب هذه المشاكل، يجب علينا تنظيف الثغرات الموجودة باستمرار، وزيادة نظام الصرف الصحي في الأراضي الرطبة، وكذلك إعادة تحديد الاحتياجات المائية للمحاصيل ووضع تصور جديد لبرمجة المياه.

Résumé : 5

Abstract : 6

Introduction générale : 16

Chapitre I : Analyse bibliographique 17

Introduction : 17

I-Le drainage : 17

I-1-Définition :.. 17

I-2-Les systèmes de drainage : 17

I-3-Les composantes et les types des réseaux de drainage : 18

I-4-Analyse et diagnostic d'un réseau de drainage : 19

    I-4-1-Objectif :.. 19

    I-4-2-Les types de diagnostic : 20

    I-4-3-Les principales causes de dysfonctionnement d'un réseau de drainage :...... 20

    I-4-4-Méthodologie de diagnostic des réseaux de drainage : 21

II-Les nappes superficielles : 22

II-1-Définition : 22

II-2-Notions concernant les nappes superficielles : 22

    II-2-1-La porosité : 22

    II-2-2-La phase solide :... 22

    II-2-3-La texture : 23

    I-2-4-La conductivité hydraulique :.. 23

    I-2-5-La loi de Darcy : 23

Conclusion :... 24

Chapitre II : Présentation de la zone d'étude 25

Introduction : 25

I-Situation géographique : 25

II-Climat : 25

II-1-La pluviométrie : 28

II-2- La température : 28

II-3- Caractéristiques géologiques et pédologiques :.. 28

    III-Caractéristiques hydrauliques de la nappe de l'oasis de Mahjoub :................................ 39

    IV-Diagnostic des systèmes d'irrigation : 40

IV-1-Caractéristiques du réseau à l'amont des bornes : 40

IV-2-Caractéristiques du réseau à l'aval des bornes : 42

    IV-2-1-Etat des séguias:... 42

    IV-2-2-Etat du réseau de conduite de distribution:.. 42

    V-Diagnostic des systèmes de drainage : 43

V-1-Le réseau de drainage avant le projet de réhabilitation 2011 :... 43

V-2-Description de l'état actuel du réseau de drainage de l'oasis:... 44

    Conclusion :.. 47

Chapitre III : Matériels et Méthodes 49

    Introduction : 49

    I-Détermination du niveau piézométrique : 49

I-1- Travail sur terrain : mesure du niveau statique de l'eau dans les puits de surface, les fossés et les drains enterrés : 49

I-2-Calcul du niveau piézométrique : 50

    II-Travail au laboratoire : 50

II-1-Mesure de la conductivité électrique et calcul du résidu sec : 50

II-2-Analyse chimique des échantillons : 51

    III- Hydrus-2D :... 53

III-1-Le code Hydrus-2D :... 53

III-2-Historique : 53

    IV-Méthodologie de Travail :.. 53

Conclusion :.. 54

Chapitre IV : Analyses quantitative et qualitative de la nappe superficielle de l'oasis de Mahjoub.. 55

Introduction : 55

I-Variation de la profondeur d'eau pendant l'année 2011 : 55

II-Suivis de la profondeur d'eau et de la piézométrie : 56

II-1- Localisation du réseau de surveillance actuel : 56

II-2- Variation de la température et la consommation en eau de l'irrigation pendant les quatre mois Mai, Juin, Juillet, et Aout 2014 : 57

    II-2-1- La température : 57

    II-2-2- La consommation en eau de l'irrigation : 57

II-3-Analyse de la profondeur d'eau de la nappe des mois Mai, Juin, Juillet et Aout 2014 : 60

II-4-Interprétations des coupes : 64

    II-4-1-Choix et localisation des différentes coupes : 64

II-4-2-Interprétations des coupes piézométriques effectuées sur les cartes de la profondeur d'eau : .. 65

    II-4-2-1- La coupe AB : 65

    II-4-2-2-La coupe CD : 66

    II-4-2-3-La coupe EF : 67

II-5-Analyse de la piézométrie des mois Mai, Juin, Juillet et Aout 2014 : 68

II-6-Interprétations des coupes piézométriques : 74

    II-6-1- La coupe AB : 74

    II-6-2-La coupe CD : 75

    II-6-3-La coupe EF : 76

III- Suivi de la conductivité électrique : 77

III-1-Analyse des cartes d'iso valeurs de conductivité électrique : 77

    III-2-1-La coupe AB : 80

    III-2-2-La coupe CD : 81

    III-2-3-La coupe EF : 82

IV-Suivi de la concentration en Na Cl : 83

IV-1-Analyse des cartes d'iso valeurs de Na Cl : 83

IV-2-Analyse des coupes : 86

    IV-2-1-La coupe AB : 86

IV-2-2-La coupe CD : 87

IV-2-3-La coupe EF : 88

V-Suivi de la concentration en chlorures : 88

V-1-Analyse des cartes d'iso valeurs de Cl^- : 88

V-2-1-La coupe AB : 90

V-2-2-La coupe CD : 91

V-2-3-La coupe EF : 92

VI- La variation du pH : 92

VII-Etat de la profondeur d'eau et de la conductivité électrique pendant la saison estivale : 93

Conclusion : 95

Chapitre V : Modélisation des écoulements dans un fossé de drainage rempli tenant compte de la zone non saturée 96

Introduction : 96

I-Etude théorique : 96

II-Application par le modèle Hydrus-2D : 97

II-1- Description du système modélisé : 97

II-2-Résultats : 99

Conclusion : 103

Conclusion générale et recommandations : 104

ANNEXES 110

Liste des figures :

Figure 1 : Représentation schématique d'un réseau de drainage naturel *(Bielders et Persons., 2002)* 18

Figure 2: Représentation schématique d'un réseau de drainage en arrête de poisson *(Bielders et Persons., 2002)* 19

Figure 3 : Représentation schématique d'un réseau de drainage naturel *(Bielders et Persons., 2002)* 19

Figure 4 : Accidents possibles sur un réseau de drainage *(Favrot et Lessaffre, 1987)* 21

Figure 5 : Localisation de la zone d'étude 27

Figure 6 : Répartition de la pluviométrie totale annuelle en mm/an entre 2003 et 2013 à la station de Ghannouch *(CRDA Gabès, 2014) (Voir Annexe 1)* 28

Figure 7: Caractéristiques géologiques et pédologiques du sol de la zone d'étude 30

Figure 8 : Localisation des sites d'essai sur l'oasis de Mahjoub 31

Figure 9 : Variation de la conductivité électrique pour une profondeur de sol variant de 0 cm à 40 cm (mS/cm) 38

Figure 10 : Variation de la conductivité électrique pour une profondeur de sol variant de 40 cm à 120 cm (mS/cm) 39

Figure 11 : Carte de variation de la perméabilité sur l'oasis de Mahjoub (**10 − 5** m/s) 40

Figure 12 : Localisation des forages sur l'oasis de Mahjoub et délimitation des quartiers hydrauliques 42

Figure 13 : Etat du réseau de drainage à l'oasis de Mahjoub 2011 44

Figure 14 : Etat du réseau de drainage à l'oasis de Mahjoub 2014 45

Figure 15 : Décomposition du réseau de drainage selon le sens de l'écoulement 48

Figure 16 : Photo de la sonde 49

Figure 17 : Photo d'un puits de surface 49

Figure 18 : Photo d'un fossé 50

Figure 19 : Photo d'un regard de visite pour la mesure du niveau de l'eau du drain enterré 50

Figure 20 : Photo d'un conductimètre 51

Figure 21 : Numérotation des échantillons 52

Figure 22 : Dosage du TAC et du Na Cl 52

Figure 23 : Carte de la variation de la profondeur d'eau pendant l'année 2011 55

Figure 24 : Carte de localisation du réseau de surveillance sur l'oasis de Mahjoub 56

Figure 25 : Variation de la température moyenne mensuelle pendant les mois de Mai, Juin, Juillet et Aout 2014 (Voir Annexe 2) 57

Figure 26 : Variation du débit d'irrigation par forage 58

Figure 27 : Variation du nombre d'heures de pompage par forage pendant le mois de Mai 2014 *(GDA Bir Mahjoub, 2014)* 59

Figure 28: Variation du nombre d'heures de pompage par forage pendant le mois de Juin 2014 *(GDA Bir Mahjoub, 2014)* 59

Figure 29: Variation du nombre d'heures de pompage par forage pendant le mois de Juillet 2014 *(GDA Bir Mahjoub, 2014)* 60

Figure 30: Variation du nombre d'heures de pompage par forage pendant le mois d'Aout 2014 *(GDA Bir Mahjoub, 2014)* 60

Figure 31 : Carte de la profondeur de l'eau Mai 2014 (m) 62

Figure 32 : Carte de la profondeur de l'eau Juin 2014 (m) 62

Figure 33 : Carte de la profondeur d'eau Juillet 2014 (m) 63

Figure 34 : Carte de la profondeur de l'eau Aout 2014 (m) 63

Figure 35 : Localisation des coupes sur l'oasis 64

Figure 36 : Profils de la profondeur d'eau en fonction de la distance selon la coupe AB pour l'année 2014 65

Figure 37 : Profils de la profondeur d'eau en fonction de la distance selon la coupe CD pour l'année 2014 66

Figure 38 : Profils de la profondeur d'eau en fonction de la distance selon la coupe EF pour l'année 2014 67

Figure 39 : Carte piézométrique Mai 2014 (en m) 68

Figure 40 : Carte piézométrique Juin 2014 (en m) 69

Figure 41 : Carte de superposition des lignes piézométriques des deux mois Mai et Juin 2014 70

Figure 42 : Carte piézométrique Juillet 2014 (en m) 71

Figure 43: Carte de superposition des lignes piézométriques des deux mois Juin et Juillet 2014 71

Figure 44 : Carte piézométrique Aout 2014 (en m) 72

Figure 45: Carte de superposition des lignes piézométriques des deux mois Mai et Aout 2014 73

Figure 46 : Profils des piézométries en fonction de la distance selon la coupe AB pendant les mois Mai, Juin, Juillet, et Aout 2014 74

Figure 47 : Profils des piézométries en fonction de la distance selon la coupe CD pendant les mois Mai, Juin, Juillet, et Aout 2014 75

Figure 48 : Profils des piézométries en fonction de la distance selon la coupe EF pendant les mois Mai, Juin, Juillet, et Aout 2014 76

Figure 49 : Carte d'iso valeurs de Ce 2011 (mS/cm) 77

Figure 50 : carte d'iso valeurs de Ce Mai 2014 (mS/cm) 78

Figure 51 : Carte d'iso valeurs de Ce Aout 2014 (mS/cm) 79

Figure 52 : Variation de la conductivité électrique pendant les mois Mai et Aout 2014 en fonction de la distance et de la perméabilité selon la coupe AB 80

13

Figure 53 : Variation de la conductivité électrique pendant les mois Mai et Aout 2014 en fonction de la distance et de la perméabilité selon la coupe CD 81

Figure 54 : Variation de la conductivité électrique pendant les mois Mai et Aout 2014 en fonction de la distance et de la perméabilité selon la coupe EF 82

Figure 55 : Carte d'iso valeurs de Na Cl Mai 2014 (g/l) 84

Figure 56 : Carte d'iso valeurs de Na Cl Aout 2014 (g/l) 85

Figure 57 : Les profils des concentrations en [Na Cl] pour les mois de Mai et Aout 2014 selon la coupe AB 86

Figure 58 : Les profils des concentrations en [Na Cl] pour les mois de Mai et Aout 2014 selon la coupe CD 87

Figure 59 : Les profils des concentrations en [Na Cl] pour les mois de Mai et Aout 2014 selon la coupe EF 88

Figure 60 : Carte d'iso valeurs de [**Cl −**] Mai 2014 (g/l) 89

Figure 61 : Carte d'iso valeurs de [**Cl −**] Aout 2014 (g/l) 90

Figure 62 : Les profils des concentrations en [**Cl −**] pour les mois de Mai et Aout 2014 selon la coupe AB 90

Figure 63: Les profils des concentrations en [**Cl −**] pour les mois de Mai et Aout 2014 selon la coupe CD 91

Figure 64: Les profils des concentrations en [**Cl −**] pour les mois de Mai et Aout 2014 selon la coupe EF 92

Figure 65 : Variation du pH dans les différents sites d'essai pendant les mois de Mai et d'Aout 93

Figure 66 : Carte de la profondeur d'eau moyenne (m) 94

Figure 67 : Carte d'égales valeurs de conductivité électrique moyenne (mS/cm) 95

Figure 68 : Modèle général d'un écoulement dans une nappe drainée par un fossé *(KAO, 2002)* 96

Figure 69 : Système hydraulique considéré et conditions aux limites 99

Figure 70 : Résultats de la simulation par Hydrus-2D 100

Figure 71 : Forme de la nappe en fonction de X 101

Figure 72 : Profil vertical de la charge (h(z)) au dessus de la nappe pour la position Z0(0) du toit de la nappe 103

Figure 73 : Profil vertical de la charge (h(z)) au dessus de la nappe pour la position Z0(L) du toit de la nappe 103

Liste des tableaux :

Tableau 1 : Echelle texturale des U.S.D.A *(Javaux et Vanclooster, 2007)* 23

Tableau 2 : Texture du sol au niveau du site d'essai 1 *(CRDA Gabès, 2011)* 31

Tableau 3: Texture du sol au niveau du site d'essai 5 *(CRDA Gabès, 2011)* 32

Tableau 4: Texture du sol au niveau du site d'essai 10 *(CRDA Gabès, 2011)* 32

Tableau 5: Texture du sol au niveau du site d'essai 17 *(CRDA Gabès, 2011)* 33

Tableau 6: Texture du sol au niveau du site d'essai 21 *(CRDA Gabès, 2011)* 33

Tableau 7: Texture du sol au niveau du site d'essai 32 *(CRDA Gabès, 2011)* 34

Tableau 8: Texture du sol au niveau du site d'essai 35 *(CRDA Gabès, 2011)* 34

Tableau 9: Texture du sol au niveau du site d'essai 47 *(CRDA Gabès, 2011)* 35

Tableau 10: Texture du sol au niveau du site d'essai 54 *(CRDA Gabès, 2011)* 35

Tableau 11: Texture du sol au niveau du site d'essai 60 *(CRDA Gabès, 2011)* 36

Tableau 12: Texture du sol au niveau du site d'essai 65 *(CRDA Gabès, 2011)* 36

Tableau 13: Texture du sol au niveau du site d'essai 66 *(CRDA Gabès, 2011)* 37

Tableau 14: Texture du sol au niveau du site d'essai 71 *(CRDA Gabès, 2011)* 37

Tableau 15 : Caractéristiques des quartiers hydrauliques 41

Tableau 16 : Caractéristiques des forages alimentant l'oasis *(CRDA Gabès, 2010)* 41

Tableau 17 : Calcul des concentrations d'OH^-, du CO_3^{2-} et du HCO_3^- selon la valeur du TA et du TAC 52

Tableau 18 : Conversion des unités 52

Tableau 19 : Variation de la quantité d'eau d'irrigation pendant les mois Mai, Juin, Juillet et Aout 2014 58

Tableau 20 : Les paramètres de l'écoulement de l'eau dans les deux différentes couches du sol de l'aquifère, avec : Qr : teneur en eau résiduelle, Qs : teneur en eau saturée, Alpha et n : paramètres du sol de Mualem-Van Genuchten, Ks : conductivité hydraulique à la saturation 98

Introduction générale :

La préservation des oasis du sud tunisien a constitué un centre d'intérêt d'intervention que l'état a déclaré depuis longtemps et dans le cadre du projet d'amélioration des périmètres irrigués dans les oasis du sud (APIOS),parmi lesquels on site l'oasis de Mahjoub, Ghannouch, Gabès.

Désormais les directions concernées et les agriculteurs ont compris que la valorisation de l'eau et sa bonne gestion est un enjeu décisif et que l'aménagement des ressources en eau consiste non seulement à amener l'eau sur les terres et à l'utiliser rationnellement, mais également à prendre des mesures pour éliminer l'eau en excèdent. En effet l'engorgement du sol et la salinité, qui présentent deux problèmes majeurs causés par une abondance d'eau, limitent une production agricole à son plein potentiel et peuvent même rendre les terres non fertiles tout en détruisant leurs structures.

Pour mettre fin à ces problèmes rencontrés au niveau de l'oasis de Mahjoub, un réseau de drainage a été mis en place. Effectivement, dans les systèmes irrigués surtout avec des eaux salées, ou une dose de lessivage des sels est appliquée, un drainage est nécessaire pour éliminer les sels qui s'accumulent dans le sol suite à la forte demande évaporative. Le drainage est alors nécessaire pour éliminer ces excédents d'eau d'irrigation dont la qualité chimique peut être néfaste à la bonne croissance des cultures *(Chaouachi, 2010)*.

Mais ce réseau nécessite un entretien continu des fossés à ciel ouvert et une intensification par des drains enterrés et des collecteurs, qui ont été l'objectif du projet APIOS en 2011.

L'objectif de cette étude est le diagnostic, l'analyse quantitative et l'analyse qualitative du réseau de drainage actuel.

Ainsi le rapport est organisé comme suit :

- Le premier chapitre est conservé à l'analyse bibliographique
- Le deuxième chapitre aborde la présentation de la zone d'étude
- Le troisième chapitre entame les matériels et les méthodes utilisés
- Le quatrième chapitre traite la partie diagnostic du réseau de drainage sur les deux plans qualitatif et quantitatif par le traçage des cartes de la profondeur de l'eau, la piézométrie et la salinité.
- Le cinquième chapitre est conservé pour la modélisation des écoulements dans un fossé de drainage tenant compte de la zone non saturée.

Chapitre I : Analyse bibliographique

Introduction :

Dans le Sud tunisien le besoin en drainage est réservé à restreindre les risques de la remontée de la nappe et la salinisation des sols.

Il n'est donc pas épatant que traditionnellement les populations ont constamment lutté contre ces excès en eau par l'installation des différents travaux d'assainissement sous forme de dérivation d'oueds, de barrage de protection, de ceinture de protection, d'endiguement …

I-Le drainage :

I-1-Définition :

Le drainage est l'opération qui consiste à favoriser artificiellement l'évacuation de l'eau gravitaire présente dans la macroporosité du sol à la suite de précipitation. Cette évacuation des eaux superficielles peut utiliser des drains, et dans les zones les plus humides des fossés.

Particulièrement en zone semi-aride, où la demande évaporative est élevée ou lorsqu'on utilise des eaux d'irrigation salines, la technique de drainage est très souvent un complément indispensable à l'irrigation dans le but de lessiver les sels qui peuvent s'accumuler à la surface du sol et dans le profil. Si les sols irrigués présentent un mauvais drainage interne ou qu'il y a un risque de la remontée de la nappe vers la zone racinaire, l'excédent d'eau apportée par irrigation et chargée en sel devra être évacué par un réseau de drainage *(Bielders, 2002)*.

I-2-Les systèmes de drainage :

Il existe deux systèmes de drainage :

- Les fossés : Le drainage superficiel est la technique la plus appliquée dans nos terres agricoles, elle donne lieu à une élimination de l'eau de la surface du sol, mais cette technique est peu adaptée à l'agriculture mécanisée et ne vise habituellement pas à abaisser la nappe phréatique dans le profil de sol. Ce genre de système comprend un réseau de fossés à ciel ouvert qui doivent être un peu profonds (1 à 1,5m), ont communément, une section trapézoïdale et la pente des berges varie de 1/1 à 1/2 selon la stabilité des sols. Ils sont parallèles les uns aux autres et suivent les limites de propriétés.
- Les drains souterrains : sont enterrés dans le sol à une profondeur et un écartement bien déterminés ils visent à augmenter la production végétale en abaissant le niveau de la nappe phréatique. En fait, ils sont capables de bien contrôler la nappe phréatique et de drainer d'une façon uniforme une région. Ces systèmes sont des conduites enterrées, généralement en matière plastique (PVC), protégés contre le colmatage par des filtres de gravier réalisé

autour des drains. Ils sont équipés par des regards de curage et d'autres regards de jonction au collecteur à l'aval. Néanmoins, leur installation est plus coûteuse que celle des systèmes superficiels.

Le problème majeur de ce type de réseau est le colmatage et le débouchage des drains qui mène au non fonctionnement de réseau donc la limitation de la durée de sa vie.

En général, les réseaux de drainage par tuyaux enterrés sont plus recommandés que les réseaux à ciel ouvert pour les considérations suivantes :
- La perte de terrain qui peut aller jusqu'à le dixième de la superficie à drainer.
- Le réseau à ciel ouvert nécessite un entretien onéreux, en effet il faut curer les canaux au moins une fois par an et rectifier les parois qui s'éboulent facilement sous l'action des infiltrations latérales.
- Ces fossés de drainage peuvent devenir des lieux de rejet des ordures et des cadavres d'animaux conduisant ainsi à l'inefficacité du système *(Chaouachi, 2010)*.

I-3-Les composantes et les types des réseaux de drainage :

Un réseau de drainage est composé en général par :

- Les drains enterrés
- Les fossés à ciel ouvert
- Les collecteurs en conduite
- Les émissaires

Ces composantes peuvent être réparties selon trois types de réseau :

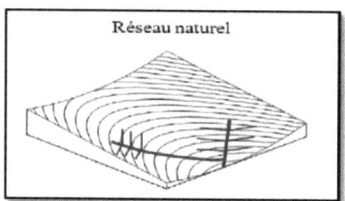

Figure 1 : Représentation schématique d'un réseau de drainage naturel *(Bielders et Persons., 2002)*

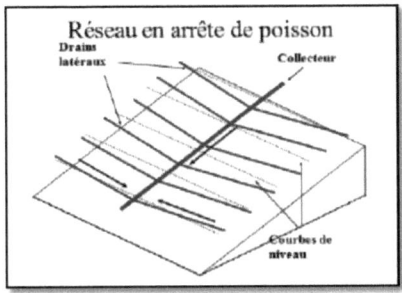

Figure 2: Représentation schématique d'un réseau de drainage en arrête de poisson *(Bielders et Persons., 2002)*

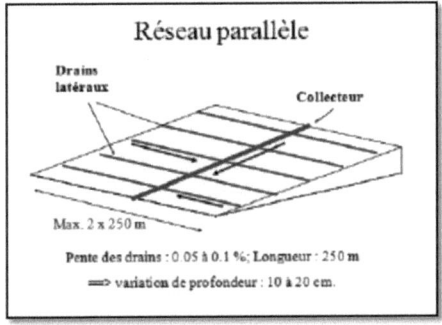

Figure 3 : Représentation schématique d'un réseau de drainage naturel *(Bielders et Persons., 2002)*

I-4-Analyse et diagnostic d'un réseau de drainage :

I-4-1-Objectif :

L'évaluation du fonctionnement des réseaux de drainage répond à deux types d'objectif *(Favrot et Zimmer, 1988)* :
- Diagnostic des causes de dysfonctionnement et propositions de réhabilitation de réseaux dont l'efficacité est devenue insuffisante.
- L'acquisition de références dans le cadre de programmes de recherche-développement dans le but d'optimiser la conception de futurs réseaux.

I-4-2-Les types de diagnostic :

Dans le cadre de programmes d'acquisition de références, trois types de méthodes d'évaluation ont été mises en place en France au cours de la dernière décennie :

- Les enquêtes-observations sur réseaux de drainage, mises en œuvre dans le cadre « secteurs de Références »,
- les programmes régionaux spécifiques associant enquêtes et observations à des investigations et mesures portant sur des points particuliers,
- les expérimentations. *(Zimmer, 1990)*

I-4-3-Les principales causes de dysfonctionnement d'un réseau de drainage :

Les causes majeures de dysfonctionnement d'un réseau de drainage sont (voir figure 4) :

- **Structure du sol et conditions du sol (B et C) :** Les problèmes de structure du sol sont souvent le résultat du compactage ou d'un manque de matière organique et de macropores dans le sol. Si l'eau ne peut migrer dans le sol jusqu'au tuyau de drainage, l'efficacité du réseau de drainage se trouve réduite et des zones détrempées apparaissent dans le champ.
- **Canalisation interrompue (F) :** Il arrive, durant l'enfouissement à la ferme de services publics, comme des conduites d'eau, des pipelines ou des conduites électriques, qu'un tuyau de drainage se brise et que la canalisation se trouve ainsi interrompue, ce qui donne lieu à des problèmes de drainage.
- **Obstruction causée par des racines (arbre, taillis ou culture) (D) :** Certains arbres (saules, mélèzes, peupliers et érables argentés) peuvent poser problème s'ils se trouvent à moins de 15 m d'un tuyau de drainage.
- **Obstruction causée par un rongeur (A) :** Il arrive que des rongeurs se fraient un chemin à l'intérieur d'un tuyau, mais y restent piégés. Le cadavre se gonfle et obstrue par la suite complètement le tuyau, ce qui laisse des zones du champ privées de drainage.

- **Obstruction causée par l'ocre ferreuse (E) :** L'ocre ferreuse est une substance organique rougeâtre ou orangée et gélatineuse qui peut bloquer l'ouverture d'un tuyau. Même si les sols organiques peuvent être la source du problème, celui-ci est difficile à prévoir. Si le sol renferme de l'ocre, le réseau de drainage aura une durée de vie utile plus courte que la normale.

- **Obstruction causée par de la matière organique (H)** : Les eaux usées évacuées dans le réseau de drainage depuis une fosse septique, une laiterie, un silo ou un enclos de ferme peuvent donner lieu à une accumulation de matière organique. En plus de causer beaucoup de tort à l'environnement, ces déchets obstruent les tuyaux.
- **Vieille canalisation rompue (G)** : De vieux tuyaux ayant été coupés du réseau durant l'installation d'un nouveau réseau de drainage peuvent être responsables de zones détrempées dans le champ.
- **Tuyau affaissé** : Un tuyau affaissé ou écrasé est souvent le fait d'une circulation intense au-dessus de celui-ci. *(Vander Vin, 2010)*

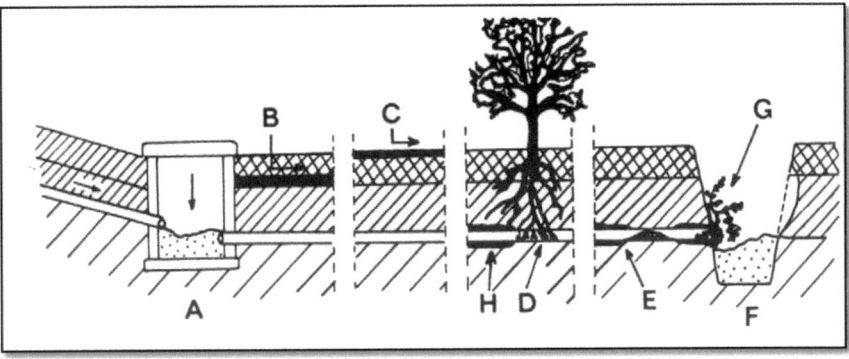

Figure 4 : Accidents possibles sur un réseau de drainage *(Favrot et Lessaffre, 1987)*

```
A - Regard obstrué
B - Semelle de labour
C - Croûte de battance
D - Colmatage racinaire
E - Colmatage minéral
F - Fossé comblé
G - Bouche de décharge mal
    entretenue
H - Colmatage biochimique
```

I-4-4-Méthodologie de diagnostic des réseaux de drainage :

Selon *(Lamarre, 2014)*, la méthode de diagnostic de l'efficacité de réseau de drainage se base sur l'observation du fonctionnement des systèmes de drainage souterrain et des caractéristiques du profil du sol qui consiste à :

➔ Une évaluation du système :

- ✓ Mesure des hauteurs des nappes
- ✓ Mesure des débits
- ✓ Observations
- ✓ Mesure des conductivités hydrauliques
- ✓ Calcul des rendements
- ➔ Une description du profil pédologique lié à la circulation de l'eau dans le sol :
- ✓ Description des profils
- ✓ Mesure de l'infiltration

II-Les nappes superficielles :

II-1-Définition :

Effectivement, en hydrogéologie, le terme de nappe superficielle n'a pas de notion exacte, la qualification même de « superficielle » étant éventuellement relative selon les échelles et les phénomènes étudiés.

Généralement, une nappe superficielle est définie comme une nappe libre, dont l'aquifère peut être une formation géologique ou un sol, et dont la surface libre est proche de la surface du sol (quelques cm à dizaines de cm) pendant au moins une période de l'année.

II-2-Notions concernant les nappes superficielles :

II-2-1-La porosité :

La porosité d'un sol est définie comme le rapport entre le volume des vides et le volume total d'un milieu poreux. Etant donné que le sol est un milieu poreux naturel et hétérogène. Cette hétérogénéité se manifeste dans les propriétés physico-chimiques à différentes échelles *(Javaux et Vanclooster, 2007)*. En effet le milieu poreux est défini comme étant l'ensemble de grains solides ou d'agrégats autour desquels existent des espaces vides appelés pores, qui peuvent être interconnectés ou non. Ces pores sont remplis par des fluides (liquide ou gaz), en fait, la caractérisation des écoulements en milieux poreux requiert à la fois une description du support solide, ainsi qu'une étude des propriétés de la phase fluide *(Belfort, 2006)*.

II-2-2-La phase solide :

La matrice solide, ou le squelette solide du milieu poreux est constituée par des grains minéraux de l'agrégat, de taille et forme variables, et des éléments organiques, issus de la décomposition plus ou moins avancée de débris végétaux et animaux.

II-2-3-La texture :

La texture d'un sol correspond à la répartition dans ce sol des minéraux par catégorie de grosseur quelle que soit la nature et la composition de ces minéraux. La texture du sol ne tient pas compte du calcaire et de la matière organique.

Il existe 3 classes texturales (sable, limon, argile) qui sont généralement retenues pour une caractérisation globale de la texture d'un sol (voir tableau 1) *(Javaux et Vanclooster, 2007)*.

Tableau 1 : Echelle texturale des U.S.D.A *(Javaux et Vanclooster, 2007)*

United States Department of Agriculture	
Classe texturale	Diamètre (mm)
Gravier	>2
Sable très grossier	1-2
Grossier	0,5-1
moyen	0,25-0,5
fin	0,1-0,25
très fin	0,05-0,1
Limon	0,002-0,05
Argile	< 0,002

I-2-4-La conductivité hydraulique :

La conductivité hydraulique est une grandeur qui traduit la capacité d'un milieu poreux à laisser passer un fluide sous l'effet d'un gradient de pression. Cela dépend à la fois des caractéristiques du milieu poreux où l'écoulement a lieu (granulométrie, forme des grains, répartition et forme des pores, porosité intergranulaire), des caractéristiques du fluide qui s'écoule (viscosité, densité) et du degré de saturation du milieu poreux. La conductivité hydraulique a la dimension d'une distance sur un temps est généralement exprimée en mètres par seconde (m/s).

En milieu saturé, la conductivité hydraulique est uniforme (dans le cas d'un sol donné et pour une direction d'écoulement donnée) et égale à sa valeur maximale, la conductivité hydraulique à saturation *(Anguela, 2004)*.

I-2-5-La loi de Darcy :

La loi de Darcy est une loi physique, mécaniste et déterministe exprimant l'écoulement d'un fluide incompressible filtrant au travers d'un milieu poreux. La diffusion de ce fluide entre deux points dépend la conductivité hydraulique du substrat et du gradient de pression du fluide. Dans le cas d'un cours d'eau ou d'un bac alimentant une nappe, ce flux est lié au tirant d'eau.

En d'autres termes, cette loi indique que « la vélocité de l'eau entre deux points est proportionnelle au gradient de l'état énergétique entre ces deux points »

La loi de Darcy, exprime le débit Q d'un fluide incompressible qui s'écoule en régime stationnaire au travers d'un milieu poreux de section A et de longueur L sous l'effet d'une différence de charge ΔH.

$$Q = K * A * \frac{\Delta H}{L}$$

Avec :

- Q : le débit volumique (m^3/s) filtrant.
- K : la conductivité hydraulique ou « coefficient de perméabilité » du milieu poreux (m/s), qui dépend à la fois des propriétés du milieu poreux et de la viscosité du fluide.
- A : la surface de la section étudiée (m²)
- $\frac{\Delta H}{L}$: Le gradient hydraulique (i = $\Delta H/L$), où ΔH est la différence des hauteurs piézométriques en amont et en aval de l'échantillon, L est la longueur de l'échantillon.

Conclusion :

Il est remarquable que pour analyser un réseau de drainage il faut bien définir le système lui-même ainsi que les caractéristiques de la zone d'étude et surtout son sol. Passons alors à la description du cas d'étude.

Chapitre II : Présentation de la zone d'étude

Introduction :

Pour bien accomplir notre étude portant sur la nappe de l'oasis de Mahjoub et son réseau de drainage, il est indispensable de la bien localiser et de bien savoir son climat, sa géologie, sa pédologie, sa nature du sol, son système d'irrigation et l'historique de son réseau de drainage.

I-Situation géographique :

Malgré sa très petite superficie et avec 1400 ha de terres agricoles, Ghannouch, qui est située au bord de la plage à 3 Km de la ville de Gabès, dispose de 7,5% des terres agricoles en majorité représentés par l'oasis et les nouveaux périmètres irriguées qui couvrent ensemble 1085 ha, soit 7,2% du total. Parmi ces oasis on cite l'oasis ou le périmètre irrigué Mahjoub

L'oasis de Mahjoub, est limitée par la ville de Matouia au Nord, par la ville de Bouchemma au Sud et par Ghannouch ville à l'Est, elle couvre une superficie totale de 365 ha et consomme un débit global de 255 l/s. Le taux d'intensification est estimé à 150% *(CRDA Gabés, 2005)*. Les cultures les plus pratiquées sont l'arboriculture et le maraîchage. Le domaine de l'oasis de Mahjoub occupe un glacis étagé à pente douce orientée Sud-ouest Nord-est. Le niveau altimétrique le plus élevé est de 35.5 m alors que le niveau le plus bas est de 15.5 m. (Voir figure 5 ci-dessous)

II-Climat :

La région de Gabès est soumise, par sa position géographique, à deux centres d'actions climatiques totalement opposés ; l'un situé au Sud-ouest, est du type subtropical saharien sec chaud, l'autre, situé dans le golfe de Gabès à l'Est, profite d'un climat méditerranéen relativement humide et tempéré.

En hiver, apparait une situation cyclonique entrainant un courant frais et humide depuis le golfe de Gabès, vers le continent. Ce qui se traduit par un régime de vents Sud-est, tempérés et humides sur la cote. En été, cette situation est inversée et les courants du secteur continental dominent dans la région (Ouest à Sud-ouest, tempérés, chauds et secs).

A ce régime général, peu favorable aux précipitations, il s'y superpose l'influence des dépressions passagères apportant l'essentiel des pluies qui tombent sur cette zone.

Exception faite à l'été, qui est une saison stable et calme, le climat de cette région est caractérisé par une extrême irrégularité, dont les traits essentiels sont :

- Un régime thermique très contrasté (fortes amplitudes diurnes mensuelles et annuelles)

- Une forte évaporation, surtout de Mai à Octobre
- Une sécheresse quasi absolue entre Mai et Septembre
- Des pluies peu abondantes et irrégulières

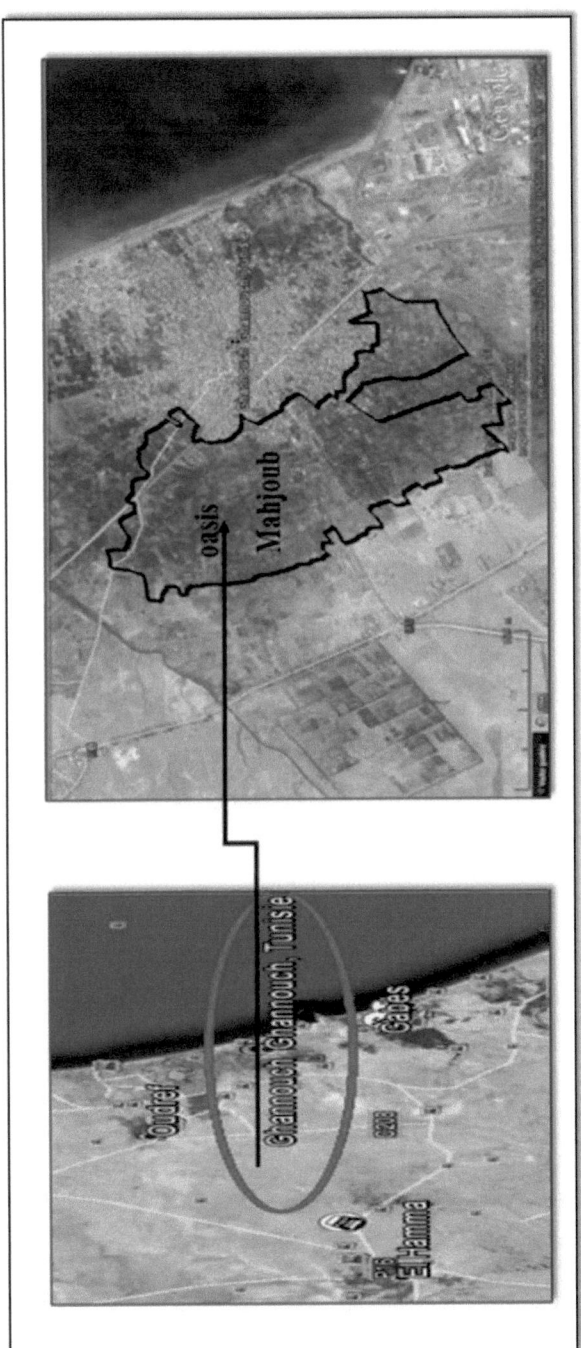

Figure 5 : Localisation de la zone d'étude

II-1-La pluviométrie :

A partir du diagramme ci-dessous (Figure 6), qui représente la répartition de la pluviométrie annuelle depuis l'année 2003 jusqu'à l'année 2013 à la station de Ghannouch, montre une irrégularité de la pluviométrie d'une année à une autre, elle varie entre un minimum de 64.5 mm/an et un maximum de 439 mm/an.

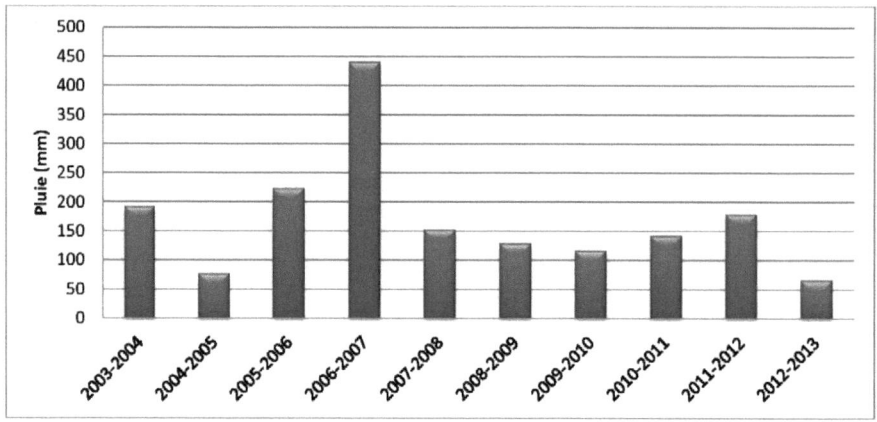

Figure 6 : Répartition de la pluviométrie totale annuelle en mm/an entre 2003 et 2013 à la station de Ghannouch *(CRDA Gabès, 2014) (Voir Annexe 1)*

II-2- La température :

La température dans la zone de projet est variable selon les périodes de l'année : *(CRDA, 2006)*.

- ✓ 27-30°C durant les mois d'été dont la moyenne maximale du mois d'Aout est de 36,4°C.
- ✓ 12-14°C durant les mois d'hiver dont la moyenne du mois de Janvier est de 7,2°C.

II-3- Caractéristiques géologiques et pédologiques :

L'oasis de Mahjoub fait partie de la nappe de Ghannouch appartenant à la série litho stratigraphique pléistocène moyen et supérieur continental ayant une couverture pédologique caractérisée par (voir figure 7) :

- des sols peu évolués d'apport alluviaux d'origine mixte (fluviatile et éolienne)

- et des sols gypseux, évoluant soit sur des matériaux alluvionnaires soit sur des accumulations gypseuses. Toutefois et par endroit, les matériaux lithologiques de ces sols sont affectés par une salinité plus ou moins intense associée parfois au caractère hydromorphe.

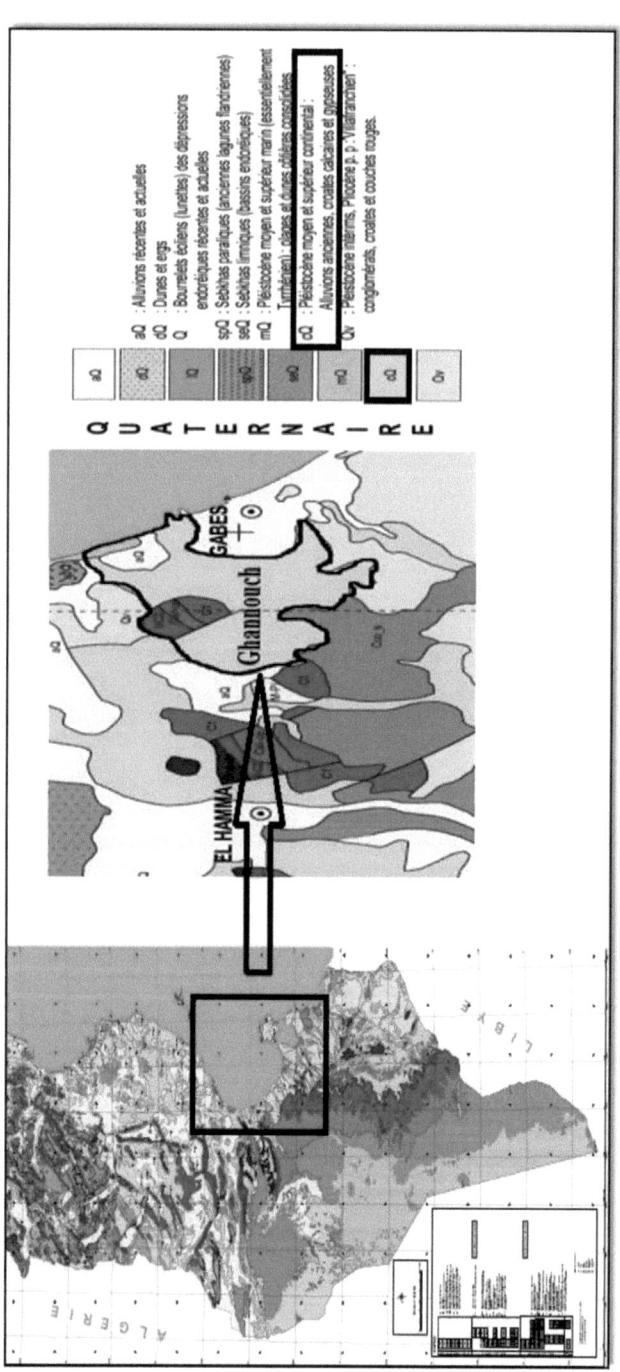

Figure 7: Caractéristiques géologiques et pédologiques du sol de la zone d'étude

II-4-Répartition de la salinité des sols en fonction de la topographie :

Pour étudier la corrélation entre la salinité des sols et la topographie, des échantillons de sols ont été prélevé depuis les sites localisés sur la figure 8.

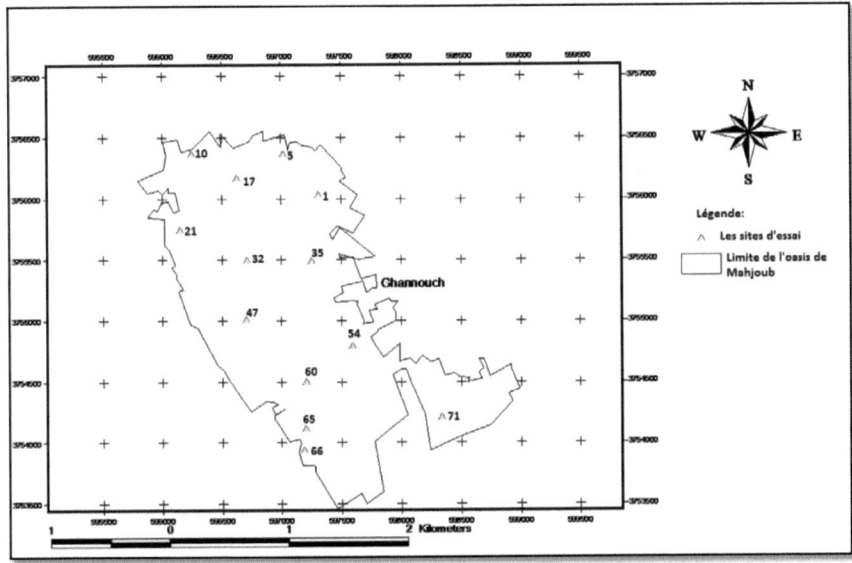

Figure 8 : Localisation des sites d'essai sur l'oasis de Mahjoub

Tableau 2 : Texture du sol au niveau du site d'essai 1 *(CRDA Gabès, 2011)*

N° Labo	337/10	338/10
N° Site d'essai	1	
Profondeur (cm)	0-30	30-80
Argile %	5	6
Limon fin %	28	32
Limon grossier %	23	27
Sable fin %	34	26
Sable grossier %	10	9
Conductivité (mS/cm)	17,25	11,93

Tableau 3: Texture du sol au niveau du site d'essai 5*(CRDA Gabès, 2011)*

N° Labo	339/10	340/10
N° Site d'essai	5	
Profondeur (cm)	0-30	30-60
Argile %	5	5
Limon fin %	29	26
Limon grossier %	26	20
Sable fin %	35	36
Sable grossier %	4	13
Conductivité (mS/cm)	7,7	9,09

Tableau 4: Texture du sol au niveau du site d'essai 10*(CRDA Gabès, 2011)*

N° Labo	341/10	342/10
N° Site d'essai	10	
Profondeur (cm)	0-40	40-100
Argile %	6	6
Limon fin %	12	9
Limon grossier %	12	8
Sable fin %	65	66
Sable grossier %	5	11
Conductivité (mS/cm)	5,32	10,32

Tableau 5: Texture du sol au niveau du site d'essai 17 *(CRDA Gabès, 2011)*

N° Labo	349/10	350/10	351/10
N° Site d'essai	17		
Profondeur (cm)	0-35	35-75	75-110
Argile %	6	6	
Limon fin %	18	30	
Limon grossier %	15	26	
Sable fin %	52	28	
Sable grossier %	9	10	
Conductivité (mS/cm)	9,97	13,55	10,77

Tableau 6: Texture du sol au niveau du site d'essai 21 *(CRDA Gabès, 2011)*

N° Labo	352/10	353/10	354/10
N° Site d'essai	21		
Profondeur (cm)	0-35	35-80	80-110
Argile %	5	6	
Limon fin %	13	15	
Limon grossier %	12	14	
Sable fin %	62	60	
Sable grossier %	8	5	
Conductivité (mS/cm)	19,75	13,31	16,08

Tableau 7: Texture du sol au niveau du site d'essai 32 *(CRDA Gabès, 2011)*

N° Labo	355/10	356/10	357/10
N° Site d'essai		32	
Profondeur (cm)	0-30	30-60	60-100
Argile %	6	5	
Limon fin %	12	13	
Limon grossier %	11	14	
Sable fin %	58	60	
Sable grossier %	13	8	
Conductivité (mS/cm)	12,09	9,92	8,46

Tableau 8: Texture du sol au niveau du site d'essai 35 *(CRDA Gabès, 2011)*

N° Labo	358/10	359/10	360/10
N° Site d'essai		35	
Profondeur (cm)	0-30	30-90	90-120
Argile %	6	6	
Limon fin %	17	19	
Limon grossier %	13	17	
Sable fin %	42	50	
Sable grossier %	22	8	
Conductivité (mS/cm)	5,61	8,17	7,08

Tableau 9: Texture du sol au niveau du site d'essai 47 *(CRDA Gabès, 2011)*

N° Labo	361/10	362/10	363/10
N° Site d'essai		47	
Profondeur (cm)	0-30	30-50	50-80
Argile %	5	5	
Limon fin %	13	25	
Limon grossier %	10	15	
Sable fin %	65	49	
Sable grossier %	7	6	
Conductivité (mS/cm)	5,12	5,65	5

Tableau 10: Texture du sol au niveau du site d'essai 54 *(CRDA Gabès, 2011)*

N° Labo	364/10	365/10	366/10
N° Site d'essai		54	
Profondeur (cm)	0-25	25-50	50-80
Argile %	8	8	
Limon fin %	14	15	
Limon grossier %	21	24	
Sable fin %	37	44	
Sable grossier %	20	9	
Conductivité (mS/cm)	8,88	8,81	9,26

Tableau 11: Texture du sol au niveau du site d'essai 60 *(CRDA Gabès, 2011)*

N° Labo	367/10	368/10	369/10
N° Site d'essai	60		
Profondeur (cm)	0-30	30-80	80-110
Argile %	7	7	
Limon fin %	7	7	
Limon grossier %	8	8	
Sable fin %	69	70	
Sable grossier %	9	8	
Conductivité (mS/cm)	7,6	6,61	9,49

Tableau 12: Texture du sol au niveau du site d'essai 65 *(CRDA Gabès, 2011)*

N° Labo	370/10	371/10	372/10
N° Site d'essai	65		
Profondeur (cm)	0-30	30-50	50-100
Argile %	9	9	
Limon fin %	13	19	
Limon grossier %	17	36	
Sable fin %	54	29	
Sable grossier %	7	7	
Conductivité (mS/cm)	33,5	38,9	21

Tableau 13: Texture du sol au niveau du site d'essai 66 *(CRDA Gabès, 2011)*

N° Labo	373/10	374/10
N° Site d'essai	66	
Profondeur (cm)	0-35	35-100
Argile %	9	9
Limon fin %	10	21
Limon grossier %	12	14
Sable fin %	59	4
Sable grossier %	10	9
Conductivité (mS/cm)	4,4	4,61

Tableau 14: Texture du sol au niveau du site d'essai 71 *(CRDA Gabès, 2011)*

N° Labo	375/10	376/10
N° Site d'essai	71	
Profondeur (cm)	0-40	40-80
Argile %	8	9
Limon fin %	8	12
Limon grossier %	12	16
Sable fin %	60	41
Sable grossier %	12	22
Conductivité (mS/cm)	4,79	5,7

Les différents tableaux ci-dessus montrent que les sols de l'oasis de Mahjoub sont des sols gypseux salés à encroutement gypseux modérément profonds (40-60 cm). Leur profil pédologique est de deux types :
- Texture grossière
- Texture moyenne bien pourvue en limon fin évoluant directement sur des accumulations gypseuses casseuses.

Et montrent aussi que la variation spatiale de la salinité (voir figures 9 et 10) est due essentiellement au facteur anthropique qui a affecté l'évolution générale de la pédogenèse permettant la redistribution des sels solubles à travers la matrice du sol, associé à la mise en culture assez anciennes et la grande hétérogénéité de fonctionnement du réseau de drainage *(CRDA Gabes,2011)*.

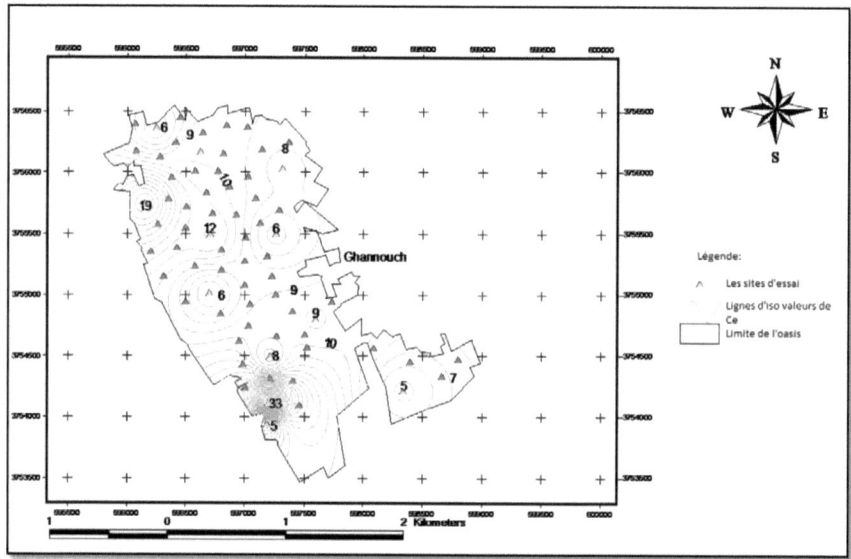

Figure 9 : Variation de la conductivité électrique pour une profondeur de sol variant de 0 cm à 40 cm (mS/cm)

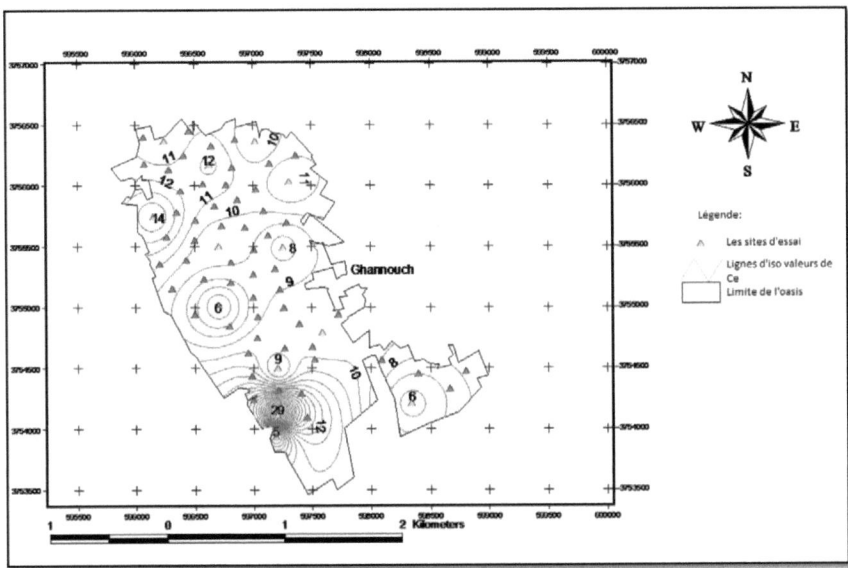

Figure 10 : Variation de la conductivité électrique pour une profondeur de sol variant de 40 cm à 120 cm (mS/cm)

III-Caractéristiques hydrauliques de la nappe de l'oasis de Mahjoub :

La nappe de l'oasis de Mahjoub est caractérisée par une perméabilité intrinsèque située dans la gamme moyenne et localement faible qui varie entre $0.3*10^{-5}$ et $3.7*10^{-5}$ (voir figure 9) vu la nature pétrographique des matériaux constituants les sols (sols gypseux).

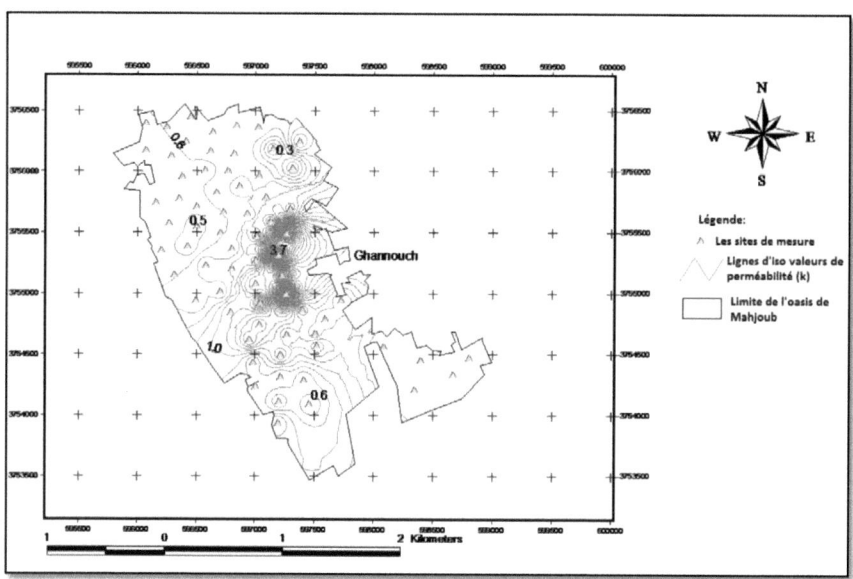

Figure 11 : Carte de variation de la perméabilité sur l'oasis de Mahjoub (10^{-5} m/s)

IV-Diagnostic des systèmes d'irrigation :

Le type d'irrigation pratiqué à l'oasis de Mahjoub est l'irrigation par submersion avec un tour d'eau à volonté.

IV-1-Caractéristiques du réseau à l'amont des bornes :

Le réseau principal de l'oasis de Mahjoub est constitué de conduites en amiante-ciment sous basse pression. Les ouvrages de prises sont donc des bornes d'irrigation.

L'oasis de Mahjoub couvre une superficie irriguée de 365 ha environ, elle renferme trois quartiers hydrauliques (Voir tableau 15) :

Tableau 15 : Caractéristiques des quartiers hydrauliques

Quartier	Superficie (ha)	Nombre de bornes	Main d'eau (l/s)	Source d'alimentation	Mode d'alimentation
A	150	30	4*20	forage Mahjoub 2	refoulement direct
B	90	26	4*20	forage Mahjoub 3	refoulement direct
C	125	31	4*20	forage Dhahra 1bis	refoulement direct

Les trois forages sont relativement peu profonds et captent la nappe profonde de Djeffara (Gabès Nord).Ces forages sont en bon état dans l'ensemble. Ils sont équipés par des groupes électropompes immergés (GEPI) et présentent les caractéristiques récapitulées dans le tableau 16 ci-dessous :

Tableau 16 : Caractéristiques des forages alimentant l'oasis *(CRDA Gabès, 2010)*

	Forages	N°IRH	Date création	Prof (m)	NS	Débit (l/s)	HMT (m)	RS (g/l)
oasis Mahjoub	Mahjoub 2	17617	1975	80	0.9	80	35	3.38
	Mahjoub 3	18744	1977	106	2.99	80	45	3.1
	Dhahra 1 bis	19099	1982	88.5	7.72	78	40	2.8

La figure ci-dessous montre la localisation des trois forages sur l'oasis :

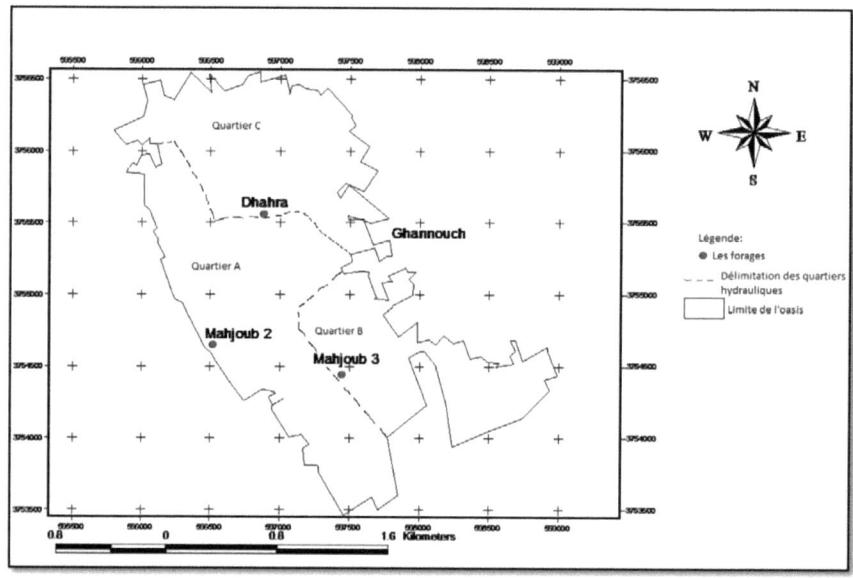

Figure 12 : Localisation des forages sur l'oasis de Mahjoub et délimitation des quartiers hydrauliques

IV-2-Caractéristiques du réseau à l'aval des bornes :

Le système d'irrigation pratiqué dans cette oasis est l'irrigation gravitaire de surface à l'aide de séguias en béton ou en terre.

IV-2-1-Etat des séguias:

La quasi-totalité du réseau tertiaire existant dans l'oasis Mahjoub est constituée de séguias.

La plupart des canaux existants sont en mauvais état, souvent en béton non armé.

Un débordement au niveau de certains points suite à un sous dimensionnement des canaux a été noté, cependant, certains canaux faits en béton armé sont encore en bon état.

IV-2-2-Etat du réseau de conduite de distribution:

Plusieurs problèmes ont été détectés au niveau des conduites de distribution tertiaires:

- Affaissements et ovalisation de nombreux tronçons
- Obstruction de certains tronçons de conduite par des dépôts solides vu l'absence de grilles métalliques au niveau des chambres d'eau des bornes et bornettes d'irrigation
- Fuites d'eau au niveau des raccordements
- Plusieurs tronçons sont noircis sous l'effet du soleil.

Aussi au niveau des bornettes :

- Dégradation du béton
- Etanchéité au niveau du raccordement conduites-bornettes : prés de 80% présentent des fuites.

V-Diagnostic des systèmes de drainage :

La problématique du drainage est influencée essentiellement par les apports d'eau d'irrigation, la nature du sol, les écoulements en nappe et les exutoires. Sachant que les apports d'eau pluviale étant particulièrement faible dans la zone et les écoulements dans les fossés concernent essentiellement les résidus d'irrigation.

V-1-Le réseau de drainage avant le projet de réhabilitation 2011 :

Le réseau de drainage des oasis est constitué particulièrement d'un réseau de fossés à ciel ouvert permettant l'évacuation des eaux excédentaires.

Ce réseau, présente plusieurs déficiences, avant le démarrage du projet de réhabilitation 2011.

Ainsi il existe des fossés de drainage :
- bouchés à faible écoulement
- profonds partiellement colmatés et à sec
- profonds colmatés et à sec
- partiellement comblés par les roseaux et à écoulement continu

Et il existe aussi des ouvrages de passage constitués de buse ø400 et qui sont pratiquement noyés, nécessitant un entretien.

Les travaux de réhabilitation du réseau de drainage en 2011 consistent principalement en:
- Un curage des fossés principaux existants
- La création de collecteur en PEHD PN6 enterré
- La densification du réseau de drainage par des drains enterrés avec la prévision d'un certain nombre d'ouvrages sur les drains : regards de visite et d'entretien des drains, ouvrage de connexion drain-fossé.

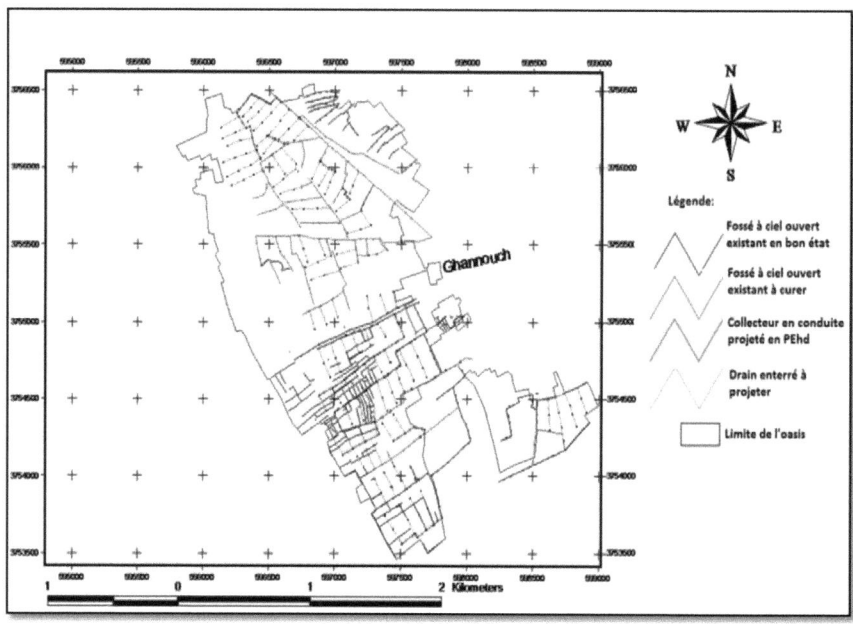

Figure 13 : Etat du réseau de drainage à l'oasis de Mahjoub 2011

V-2-Description de l'état actuel du réseau de drainage de l'oasis:

Le réseau de drainage actuel se compose de (voir figure 12) :

- Drains enterrés : les drains en PVC annelés qui maintiennent la nappe au dessous d'une profondeur fixée et qui drainent les excès d'eau alimentant la nappe. Ces drains sont munis de regards pour faciliter l'entretien et ces derniers débouchent dans des collecteurs.
- Collecteurs : les collecteurs sont des canalisations enterrées généralement en PEHD PN6.
- Fossés à ciel ouvert en bon état et d'autres nécessitant un curage.

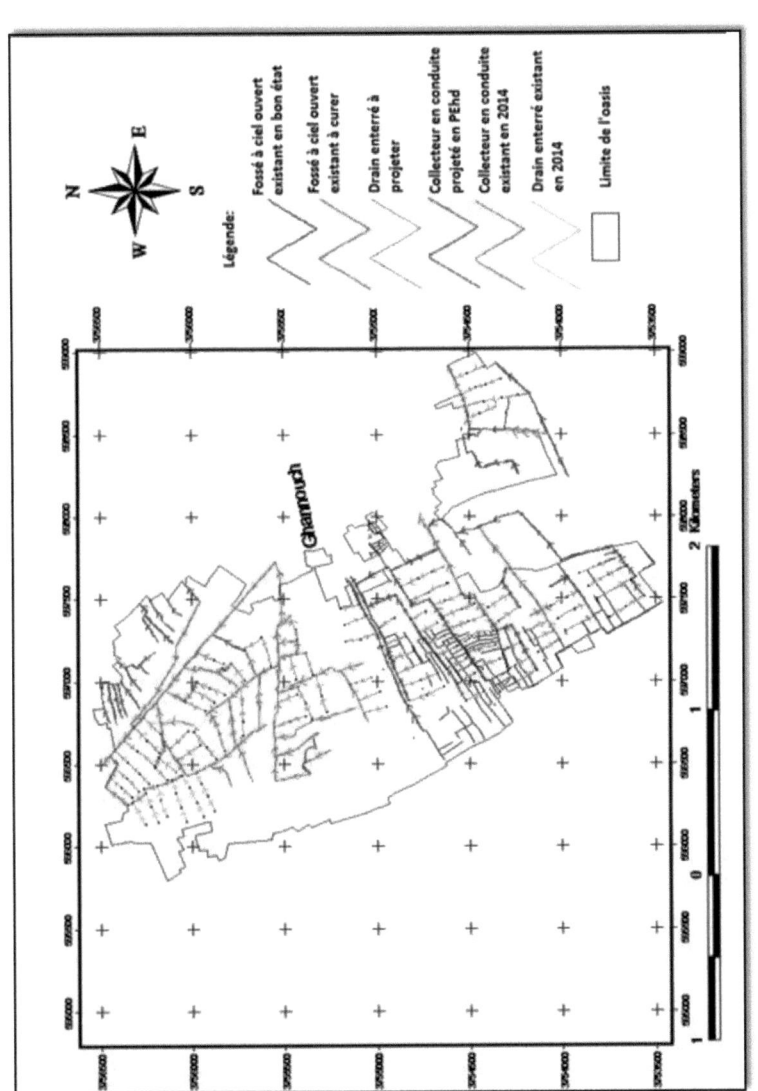

Figure 14 : Etat du réseau de drainage à l'oasis de Mahjoub 2014

Mais il faut noter que juste une petite partie du réseau de drainage projeté en 2011 est réalisée en 2014.

Selon le sens de l'écoulement des eaux drainées on peut découper l'oasis en six zones (voir figure 13 ci-dessous) :

- **Zone 1** : Elle est composée par quatre petits réseaux de drains enterrés en parallèle et qui sont encore projetés. Ces drains sont munis de regards d'entretien tout les cent mètres .Chaque ligne de drains enterrés débouche dans un bassin de rejet. Aussi on trouve des fossés à ciel à ouvert en bon état qui s'étend sur une longueur de 800 m et d'autres nécessitant un curage ,l'un en jonction avec le fossé en bon état d'une longueur de 420 m et l'autre connecté à ce dernier qui s'étale sur 400 m. Il existe aussi un autre fossé en bon état indépendant qui s'écoule directement vers l'exutoire.

- **Zone 2** : Cette zone est formée par quatre réseaux de drains enterrés projetés parallèlement et qui sont munis de regards d'entretien tout les cent mètres. Dans cette zone les drains projetés débouchent soit directement dans des fossés à ciel ouvert ou bien dans des collecteurs, qui sont eux-mêmes projetés, puis vers les fossés et enfin vers l'exutoire. Ils existent deux lignes de fossés à ciel ouvert à curer et qui sont en parallèle, l'une en connexion avec le collecteur projeté et qui s'écoule directement vers l'exutoire d'une longueur égale à peu près 800 m. L'autre en connexion avec un petit réseau de drains enterrés projetés et qui s'écoule dans un fossé à ciel ouvert en bon état. Les réseaux de fossés à ciel ouvert en bon état limitent presque la totalité de la zone et ont une longueur totale de 2000 m. La direction globale de l'écoulement de la zone est de haut vers le bas et puis vers l'exutoire.

- **Zone 3** : On note que la direction de l'écoulement dans cette zone et du bas vers le haut et puis vers l'exutoire. Cette zone est formée par 3 réseaux de drains enterrés projetés, deux qui débouchent dans deux réseaux de fossés en bon état et l'autre dans un réseau de collecteurs encore projetés puis vers les fossés et enfin vers l'exutoire.

- **Zone 4** : Elle est formée seulement d'un petit réseau de drains enterrés projetés débouchant dans un réseau de fossés à ciel ouvert en bon état d'une longueur de 1000 m et qui s'écoule vers l'exutoire.

- **Zone 5** : Elle comporte un réseau de drains enterrés dont la majeure partie est encore projetée et juste un petit réseau au Nord-ouest de la zone a été réalisé et qui débouche dans un collecteur principal existant d'une longueur totale de 800 m débouchant lui-même dans un fossé à ciel ouvert, où s'écoulent toutes les eaux de la zone. Ce fossé s'étale sur 1550 m.

- **Zone 6** : Elle est formée uniquement par un réseau de fossés à ciel ouvert en bon état et qui sont indépendants, ils mènent directement l'eau depuis le périmètre vers l'exutoire.
- ➔ Donc en général on a : un réseau de drains enterrés munis de regards d'entretient sont en connexion avec des fossés à ciel ouvert qui mènent l'eau vers l'exutoire.

Conclusion :

On remarque que la partie majeure du projet de réhabilitation concernant le réseau de drainage n'a pas été réalisé jusqu'à maintenant ce qui va notamment influencer la nappe de point de vue qualité et quantité de l'eau. C'est ce qu'on va découvrir dans les chapitres qui suivent.

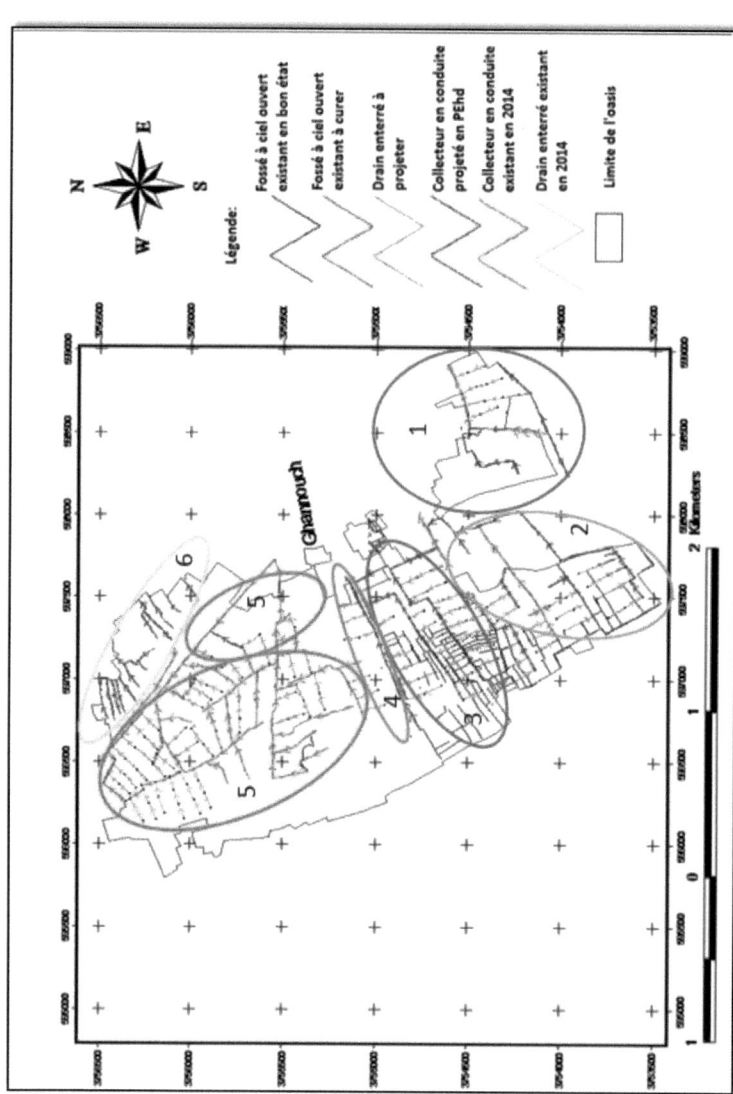

Figure 15 : Décomposition du réseau de drainage selon le sens de l'écoulement

Chapitre III : Matériels et Méthodes

Introduction :

Afin d'étudier l'impact du réseau de drainage sur la nappe superficielle de l'oasis de Mahjoub, il est indispensable d'avoir recours au traçage des cartes piézométriques, l'analyse de leurs évolutions, ainsi que la salinité (conductivité électrique, chlorures de sodium et chlorures).

I-Détermination du niveau piézométrique :

I-1- Travail sur terrain : mesure du niveau statique de l'eau dans les puits de surface, les fossés et les drains enterrés :

Le niveau statique d'une eau correspond au niveau de la surface libre. Il est mesuré à l'aide d'une sonde, immergée dans un puits de surface.

Figure 16 : Photo de la sonde

Figure 17 : Photo d'un puits de surface

Figure 18 : Photo d'un fossé

Figure 19 : Photo d'un regard de visite pour la mesure du niveau de l'eau du drain enterré

I-2-Calcul du niveau piézométrique :

Le niveau piézométrique des différents puits de surface, des fossés et des drains enterrés dans la nappe superficielle de l'oasis Mahjoub, est égal à :

NP= Altitude-Niveau statique

Ces niveaux piézométriques permettent de tracer les courbes de l'évolution piézométrique, les cartes iso-pièzes et les coupes piézométriques à l'aide de l'Arc View.

II-Travail au laboratoire :

II-1-Mesure de la conductivité électrique et calcul du résidu sec :

La salinité de l'eau (en g/l) est déterminée à partir de la mesure de la conductivité(en ms/cm) à l'aide d'un conductimètre (voir figure 20 ci-dessous)

Figure 20 : Photo d'un conductimètre

II-2-Analyse chimique des échantillons :

La première étape faite au laboratoire est la mesure de la concentration du chlorures de sodium Na Cl, puis la mesure du TA et du TAC pour le calcul des concentrations des chlorures et des carbonates, selon les tableaux 17 et 18 ci-dessous, mais notons tout d'abord que :

- Le TA : c'est le titre alcalimétrique, il permet de connaître les teneurs de l'eau en carbonates et bases fortes présentes dans l'eau. Cette analyse se fait en présence de phénolphtaléine qui vire de l'incolore au rose-fuchsia à un pH de 8,2. Le Titre alcalimétrique s'exprime en degré français (°f)
- Le TAC : c'est le titre alcalimétrique complet, c'est la grandeur utilisée pour mesurer le taux d'hydroxydes, de carbonates et de bicarbonates d'une eau, son unité est le degré français (°f ou °fH).
- Le calcul de TAC et de TA permet le calcul de la concentration en HCO_3^- qui permet par la suite le calcul de la concentration en Cl^-.

Tableau 17 : Calcul des concentrations d'OH⁻, du CO_3^{2-} et du HCO_3^- selon la valeur du TA et du TAC

	OH^-	CO_3^{2-}	HCO_3^-
TA	0	0	TAC
TA<TAC/2	0	2*TA	TAC-2*TA
TA=TAC/2	0	2*TA	0
TA>TAC/2	2*TA-TAC	2*(TAC-TA)	0
TA=TAC	TA	0	0

Tableau 18 : Conversion des unités

1°f	3,4 mg/l d'OH-
1°f	6 mg/l de CO_3^{2-}
1°f	12,2 mg/l de HCO_3^-

Figure 21 : Numérotation des échantillons

Figure 22 : Dosage du TAC et du Na Cl

III- Hydrus-2D :

III-1-Le code Hydrus-2D :

HYDRUS-2D *(Simunek et al., 1996)*, est une interface du code SWMS-2D *(Simunek et al., 1994)*, qui permet de simuler des écoulements bidimensionnels de l'eau et le transport de solutés dans un milieu poreux incompressible et variablement saturé, en régime permanent ou transitoire, pour un système de dimensions métriques et pour divers pas de temps.

III-2-Historique :

Stamm et al. (2002) ont utilisé le code afin de modéliser les flux d'eau sur des sols drainés. D'autres auteurs ont utilisé ce logiciel afin de modéliser le transfert d'eau et le transport de solutés avec les résultats d'expériences de traçage sur sols drainés au terrain *(Bragan et al., 1997 ; Gribb et Sewell, 1998 ; de Vos et al., 2000 ; Pang et al., 2000 ; Abbaspour et al., 2001 ; de Vos et al., 2002 ; Abbasi et al., 2004 ; Gerke et Kohne, 2004)*. De ces articles, tous sauf celui *de Gerke et Kohne (2004)*, montrent que la dynamique de l'eau et du transport de solutés dans un sol drainé est bien reproduite par le code HYDRUS-2D.

Parker et al. (1985) ; van Dam et al. (1992) ; Eching et Hopmans (1993) ; Ventrella et al. (2000), ont utilisé ce logiciel afin d'optimiser les paramètres hydrodynamiques du sol.

Mishra et Parker (1989), Inoue et al. (2000), Jacques et al. (2002), ont réalisé l'optimisation des paramètres hydrodynamiques du sol et des paramètres de transport de solutés en une dimension. Pour le même type d'étude mais en deux dimensions nous trouvons : *Abbasi et al. (2003) ; Abbasi et al. (2004)*.

IV-Méthodologie de Travail :

Les méthodologies adoptées dans notre travail sont :
- Analyses des cartes piézométriques pour les différents mois
- Analyses des cartes d'iso valeurs de concentration en Na Cl pour différents mois
- Analyses des cartes d'iso valeurs de conductivité électrique pour différents mois
- Analyses des cartes d'iso valeurs de concentration en chlorures pour différents mois
- Interprétations des différentes coupes de directions diverses sur toutes les cartes précitées.
- Simulation des écoulements au permanent en présence d'un fossé rempli

L'interprétation des différents résultats permettent de:
- Suivre la situation de la nappe
- Voir les directions de la nappe et leurs évolutions

- Mesurer l'efficacité du réseau de drainage existant
- Localiser les zones où on peut améliorer le réseau de drainage

Conclusion :

Par l'application de ces différentes méthodologies, plusieurs résultats vont être déduits concernant l'analyse et le diagnostic du réseau de drainage. C'est ce qu'on va traiter dans le chapitre suivant.

Chapitre IV : Analyses quantitative et qualitative de la nappe superficielle de l'oasis de Mahjoub

Introduction :

La nappe superficielle de l'oasis de Mahjoub est soumise à des fluctuations continues causées principalement par l'exploitation agricole. Ceci se manifeste aussi bien sur la nappe et sur le réseau de drainage, quantitativement et qualitativement. Dans ce chapitre donc, on va analyser les cartes de la profondeur d'eau, de la piézométrie et de la salinité (conductivité électrique, chlorures de sodium et chlorures) ainsi que leurs coupes.

I-Variation de la profondeur d'eau pendant l'année 2011 :

Avant le début du projet de réhabilitation et la mise en place des drains enterrés et des collecteurs principaux, des mesures de la profondeur de l'eau au niveau de quelques fossés ont été effectuées, dans la zone humide située au nord de l'oasis de Mahjoub. La profondeur de l'eau varie globalement entre 0.1 m et 2.2 m (figure 23).

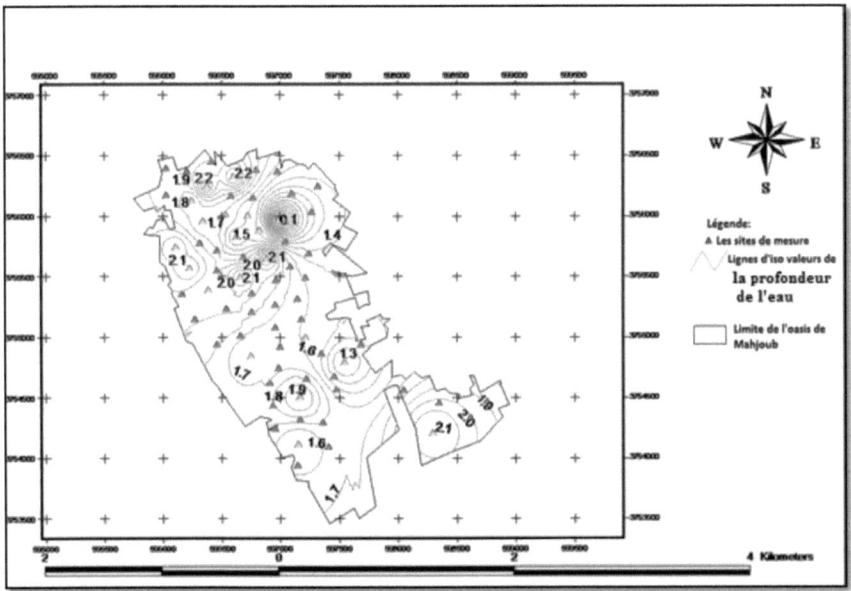

Figure 23 : Carte de la variation de la profondeur d'eau pendant l'année 2011

II-Suivis de la profondeur d'eau et de la piézométrie :

II-1- Localisation du réseau de surveillance actuel :

Les suivis piézométriques et chimiques de la nappe superficielle drainée de l'oasis de Mahjoub sont assurées par la mesure du niveau statique de 17 sites de mesure répartis comme suit : 7 puits de surface, trois fossés à ciel ouvert, six drains enterrés et un collecteur principal, la figure 24 ci-dessous montre leur répartition sur la zone d'étude, les sites sont numérotés de 1 jusqu'à 17.

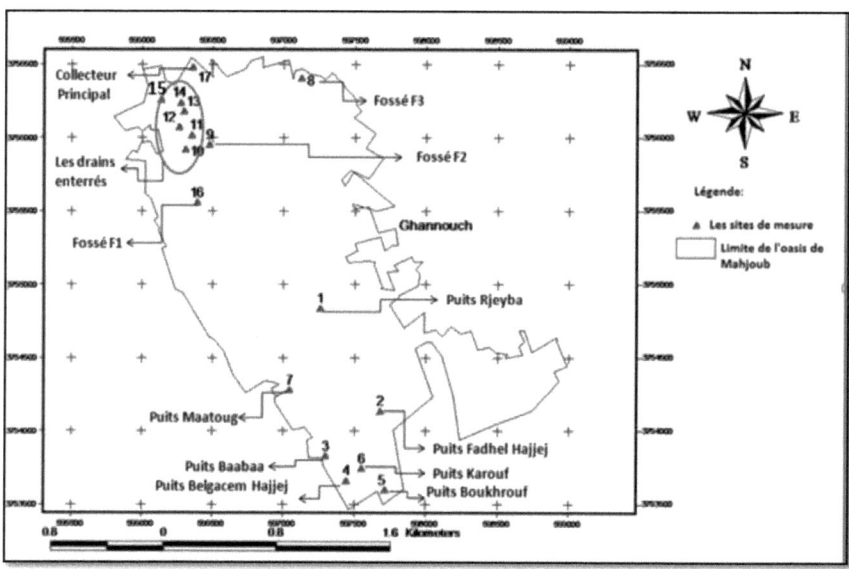

Figure 24 : Carte de localisation du réseau de surveillance sur l'oasis de Mahjoub

II-2- Variation de la température et la consommation en eau de l'irrigation pendant les quatre mois Mai, Juin, Juillet, et Aout 2014 :

II-2-1- La température :

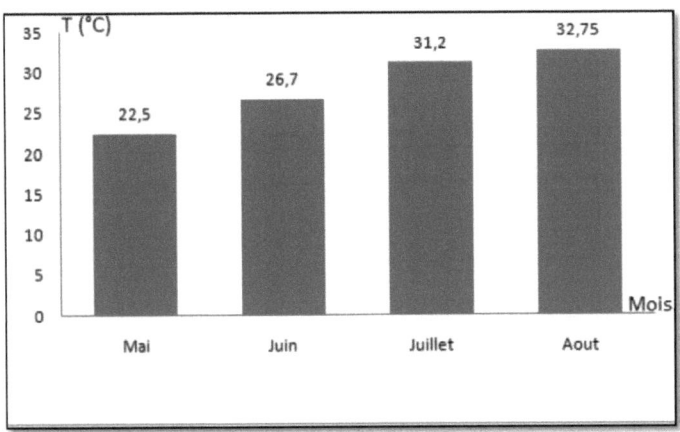

Figure 25 : Variation de la température moyenne mensuelle pendant les mois de Mai, Juin, Juillet et Aout 2014 (Voir Annexe 2)

Le graphique ci-dessus montre qu'à l'échelle mensuelle, la valeur moyenne de la température est en augmentation continue depuis le mois de Mai (22.5 ° C) jusqu'au mois d'Aout (32.75 °C).

II-2-2- La consommation en eau de l'irrigation :

En se référant aux figures 26, 27, 28, 29,30 et après tout calcul fait, on peut déduire la variation de la quantité d'eau d'irrigation totale fournie pour tout l'oasis pendant les mois de Mai, Juin, Juillet et Aout 2014.

On remarque d'après le tableau 19 que la quantité la plus importante est celle du mois Mai. Ceci s'explique par l'existence d'une saison d'irrigation pendant ce mois, puisque l'écosystème oasien est caractérisé non seulement par la production du palmier dattier mais aussi d'autres cultures arboricoles, maraichères, industrielles et fourragères.

Tableau 19 : Variation de la quantité d'eau d'irrigation pendant les mois Mai, Juin, Juillet et Aout 2014

Mois	quantité d'eau d'irrigation (l)	quantité d'eau d'irrigation (m^3)
Mai	111362400	111362,4
Juin	75762000	75762
Juillet	90061200	90061,2
Aout	94298400	94298,4

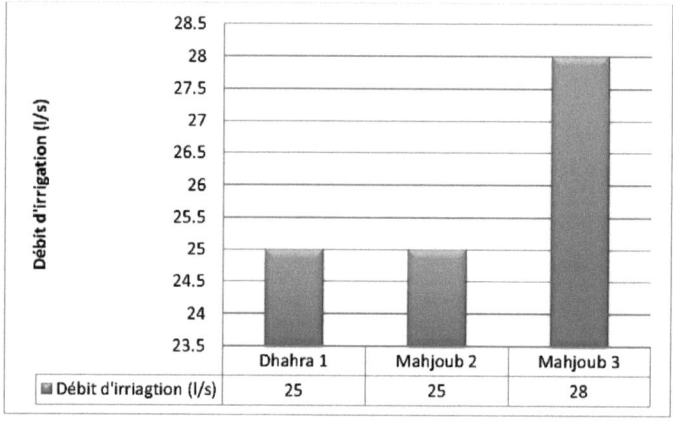

Figure 26 : Variation du débit d'irrigation par forage

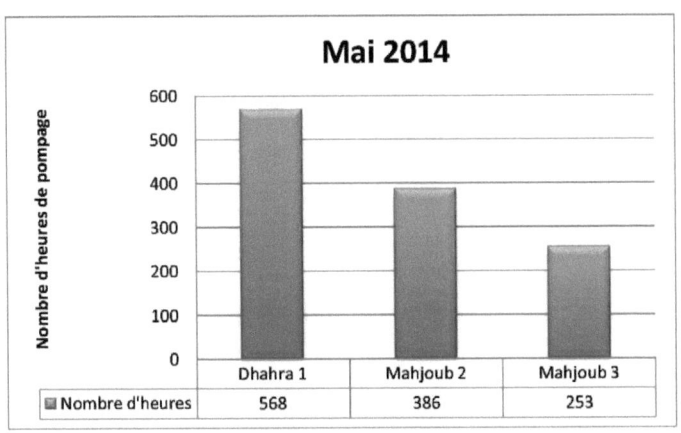

Figure 27 : Variation du nombre d'heures de pompage par forage pendant le mois de Mai 2014
(GDA Bir Mahjoub, 2014)

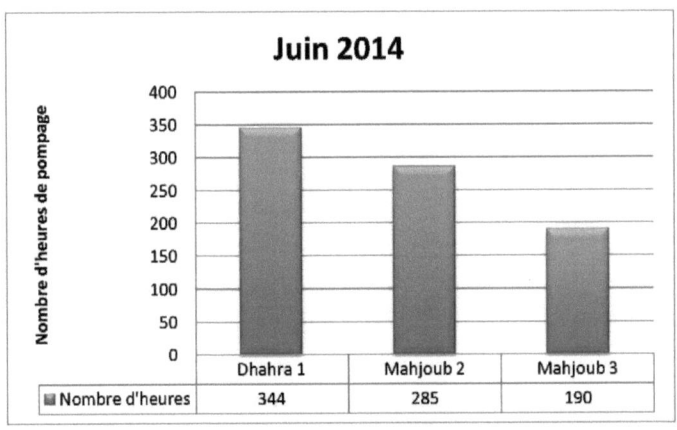

Figure 28: Variation du nombre d'heures de pompage par forage pendant le mois de Juin 2014*(GDA Bir Mahjoub, 2014)*

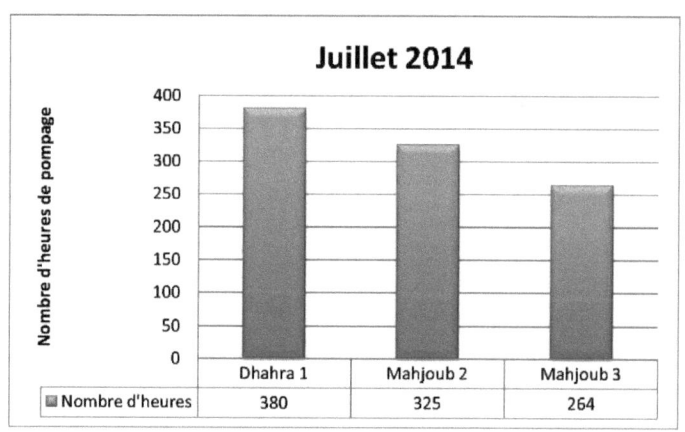

Figure 29: Variation du nombre d'heures de pompage par forage pendant le mois de Juillet 2014*(GDA Bir Mahjoub, 2014)*

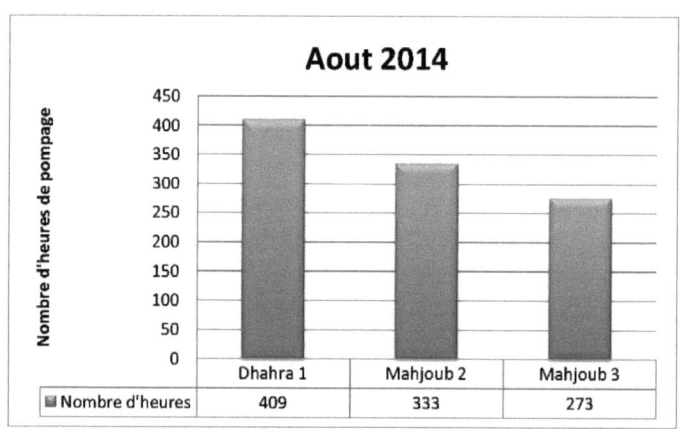

Figure 30: Variation du nombre d'heures de pompage par forage pendant le mois d'Aout 2014*(GDA Bir Mahjoub, 2014)*

II-3-Analyse de la profondeur d'eau de la nappe des mois Mai, Juin, Juillet et Aout 2014 :

- ❖ **Interprétations des cartes de la variation de la profondeur de l'eau Mai 2014, Juin 2014, Juillet 2014, Aout 2014(figure 31,32, 33,34) :**

L'analyse des différentes cartes de la fluctuation de la profondeur de l'eau pour la nappe de l'oasis de Mahjoub, permet de bien cerner la localisation du réseau de drainage. En fait, on constate, que pour les différentes cartes pour les 4 mois, que le niveau de l'eau divise l'oasis en deux parties :

- La partie sud de l'oasis, où la profondeur de l'eau varie entre 2.2 m et 3.5 m, pour le mois de Mai, entre 2.2 m et 3.9 m pendant le mois de Juin et Juillet, et entre 2.2 m et 4.6 m pour le mois d'Aout .Pour cette zone on n'a pas besoin d'un réseau de drainage parce que le niveau de la nappe est supérieur à la profondeur des drains projetés (1.5 m) , par contre des fossés peuvent être mis en place pour l'évacuation des sels et des pluies.
- La partie nord de l'oasis, dont la profondeur de l'eau oscille entre 1.8 m et 2.1 m pour le mois de Mai, 1.6 m et 2.1 m pour le mois de Juin, 1.5 m et 2.1 m pendant le mois de Juillet et 1.6 m et 2.1 m pour le mois d'Aout. Cette zone donc nécessite encore une mise en place du reste du réseau du drainage.
- Mais si on compare l'état de la profondeur de l'eau des mois de l'année 2014 à celle de l'année 2011, on remarque une amélioration (une augmentation du niveau de l'eau) surtout dans la zone nord de l'oasis où un petit de réseau de drains enterrés et de collecteurs principaux commence à fonctionner.

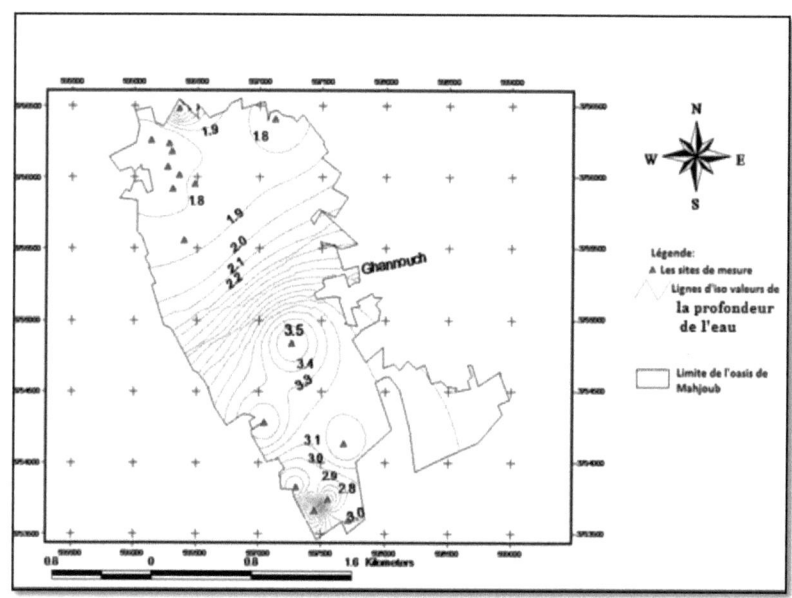

Figure 31 : Carte de la profondeur de l'eau Mai 2014 (m)

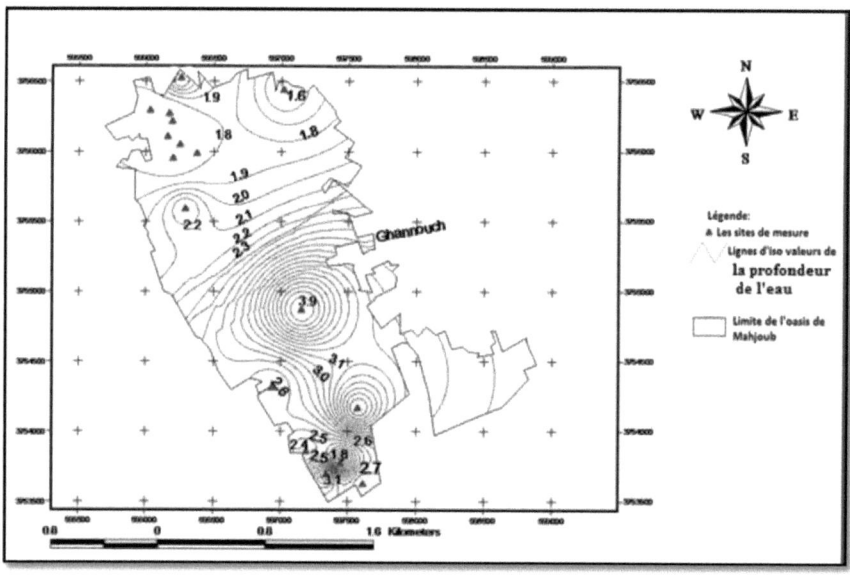

Figure 32 : Carte de la profondeur de l'eau Juin 2014 (m)

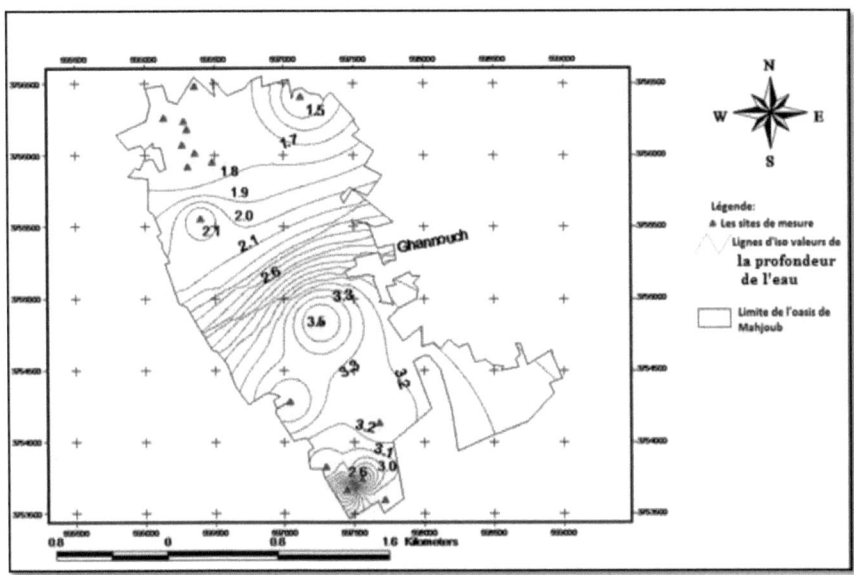

Figure 33 : Carte de la profondeur d'eau Juillet 2014 (m)

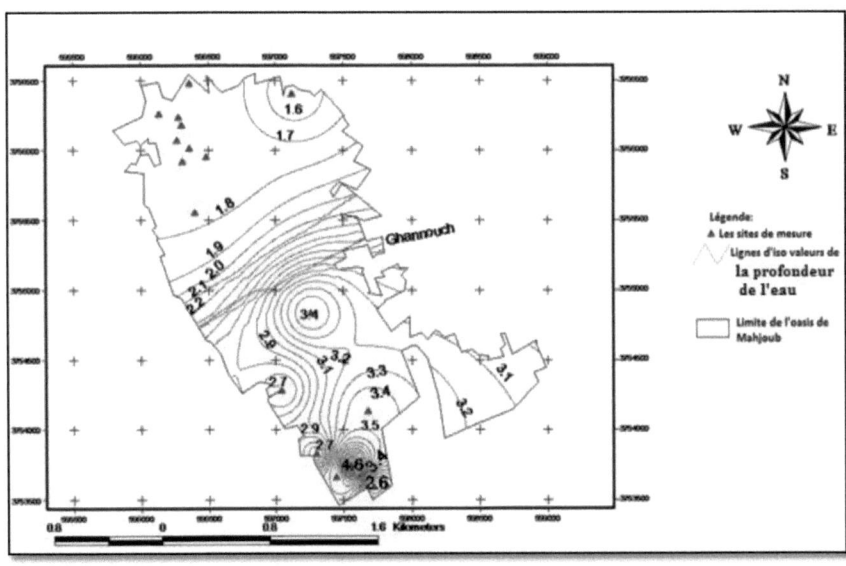

Figure 34 : Carte de la profondeur de l'eau Aout 2014 (m)

II-4-Interprétations des coupes :

II-4-1-Choix et localisation des différentes coupes :

Pour pouvoir confirmer les résultats d'analyse des différents types de cartes : profondeur de l'eau et piézométrie, on a effectué 3 coupes piézométriques dans trois directions différentes, pour les mois de Mai, Juin, Juillet, et Aout 2014 (Voir figure 35) :

- ❖ La première coupe AB : elle a comme début le site de mesure numéro 17 qui correspond au collecteur principal et comme fin le site de mesure numéro 5, qui est le puits de surface « Boukhrouf », donc elle est de direction Nord-ouest, Sud-est par rapport à Ghannouch ville, elle est d'une longueur de 3324.3 m.
- ❖ La deuxième coupe CD : elle a comme début le site de mesure numéro 8 qui est le fossé 3 et comme fin le site de mesure 3 qui est le puits de « Belgacem Hajjej », donc elle est de direction Nord-est, Sud-ouest par rapport à Ghannouch ville, elle s'étale sur une longueur de 2646.8 m.
- ❖ La troisième coupe EF : elle a comme début le site de mesure le site numéro 8 qui est le fossé 3 et passe par la suite par le site de mesure numéro 16 qui est le fossé 1, donc cette coupe elle est de direction Nord-est, Nord-ouest par rapport à Ghannouch ville, sa longueur est de 1514.99 m.

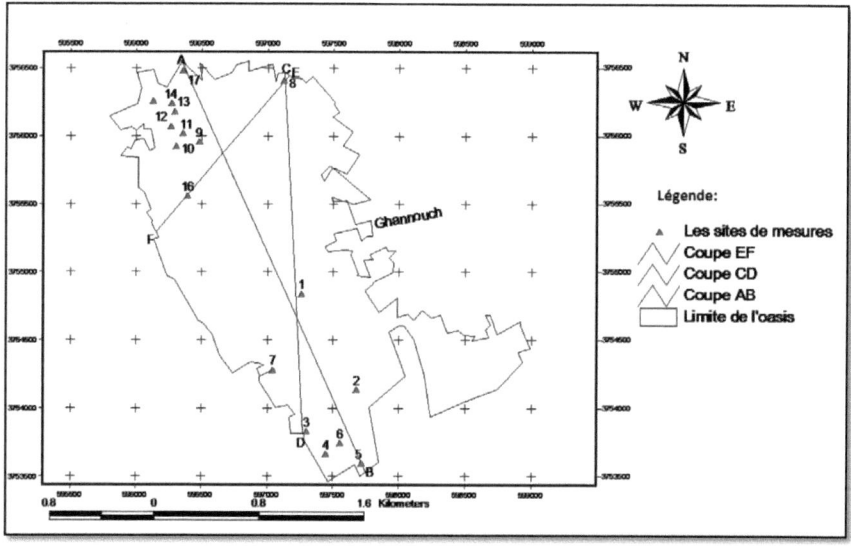

Figure 35 : Localisation des coupes sur l'oasis

II-4-2-Interprétations des coupes piézométriques effectuées sur les cartes de la profondeur d'eau :

II-4-2-1- La coupe AB :

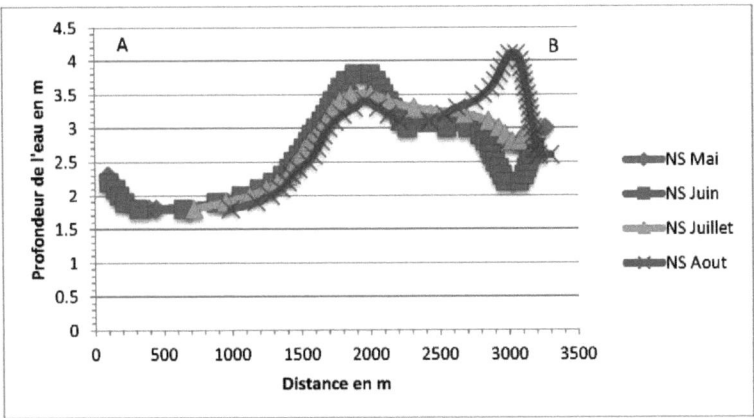

Figure 36 : Profils de la profondeur d'eau en fonction de la distance selon la coupe AB pour l'année 2014

Cette coupe a comme point de début le collecteur principal et comme point d'arrivée le puits d'exploitation « Boukhrouf ». On remarque que l'allure générale des courbes de la profondeur de l'eau en fonction de la distance est presque la même pour les différents mois : un petit segment qui commence à partir du collecteur avec un niveau d'eau fluctuant entre 2.2 m et 2.3 m qui supérieur à celui des fossés, autrement le collecteur n'est pas entrain d'évacuer puis un segment croissant de direction collecteur principal (site d'essai 17) la zone centrale de la nappe, dont le niveau de l'eau varie entre 1.8 m et 2.1 m. Ce segment est d'une longueur de 1200 m. Au delà de cette distance la nappe marque des fluctuations continues avec une augmentation du niveau de l'eau qui varie entre un minimum de 2.2 m pour tous les mois et un maximum de 4.1 m atteint pendant le mois d'Aout.

II-4-2-2-La coupe CD :

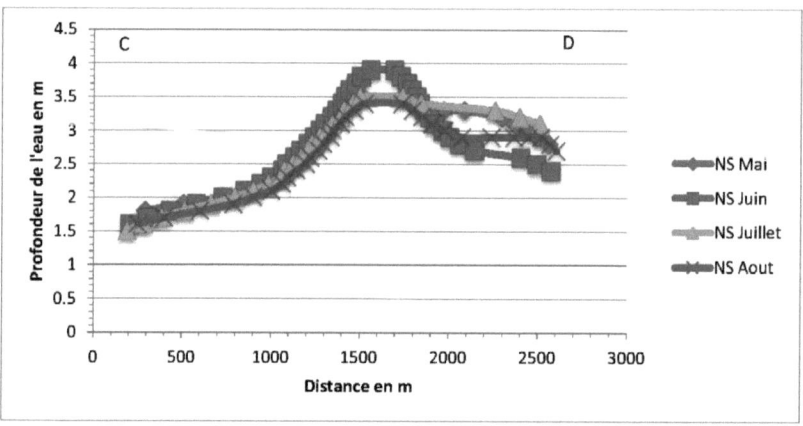

Figure 37 : Profils de la profondeur d'eau en fonction de la distance selon la coupe CD pour l'année 2014

Cette coupe commence par le site d'essai 8 qui est le fossé 3 et finit par le puits d'exploitation « Baabaa » (site de mesure 3). Tous les profits pour les différents mois ont la même tendance : Un segment croissant de direction fossé-zone centrale d'une longueur égale à 900 mètres et dont le niveau de l'eau fluctue entre 1.5 m et 2.1 m .Puis à partir d'une distance de 985 m le niveau de l'eau commence à augmenter de 2.2 m pour marquer un pic qui atteint 3.5 m pendant le mois de Juin et 3 m pour le reste des mois. A partir d'une distance de 1695 m le niveau de l'eau commence à chuter, pour atteindre une valeur minimale égale à 2.9 m pendant le mois Mai, 2.4 m pendant le mois de Juin, 3.1 pendant le mois de Juillet et 2.8 pendant le mois d'Aout.

II-4-2-3-La coupe EF :

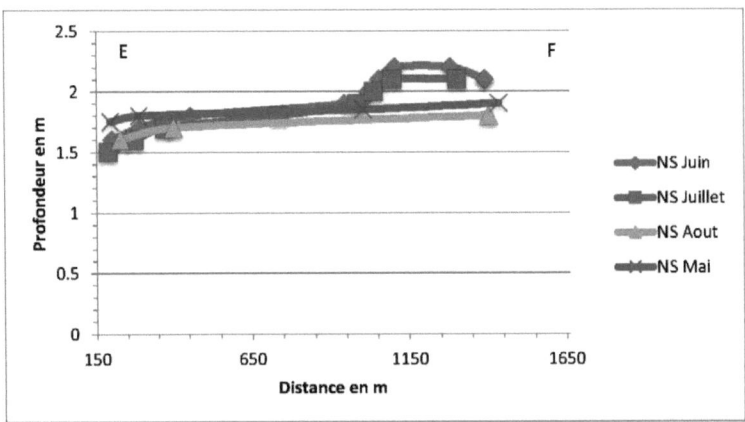

Figure 38 : Profils de la profondeur d'eau en fonction de la distance selon la coupe EF pour l'année 2014

La coupe EF est faite entre les deux fossés 3 (site 8) et 1 (site 16). L'allure des profits de la profondeur de l'eau en fonction de la distance pour les quatre mois est presque la même avec un pic marqué pendant les mois de Juin et Juillet .Le niveau de l'eau est en augmentation de direction fossé 3-fossé1, il varie entre un minimum de 1.5 m et un maximum de 2.3 m.

→ L'interprétation des trois coupes confirment bien les résultats d'analyse des cartes de la profondeur d'eau, en effet elle montre que l'oasis est découpée en deux parties, une partie sud de l'oasis où se trouvent les puits d'exploitation, dont le niveau de l'eau varie entre 2.2 m et 4.6 m pour les différents mois, et une partie nord de l'oasis avec un niveau d'eau fluctuant en général entre 1.5 m et 2.1 m ,cette dernière nécessite la mise en place d'un réseau de drains enterrés, permettant de bien évacuer les excédents de l'eau d'irrigation.

→ Il ya un problème au niveau du collecteur principal, il n'est pas entrain de bien évacuer les eaux de drainage.

II-5-Analyse de la piézométrie des mois Mai, Juin, Juillet et Aout 2014 :

❖ **Définition :**

Une carte piézométrique est une carte constituée des courbes iso pièzes indiquant les points de même altitude de niveau libre de la nappe. La carte piézométrique constitue l'outil de base en hydrogéologie pour calculer les gradients hydrauliques d'une nappe et de déterminer les directions de l'écoulement *(Aljane, 2012)*.

❖ **Interprétation de la carte piézométrique Mai 2014(figure 39) :**

Le niveau piézométrique de la nappe de l'oasis de Mahjoub varie entre une valeur minimale égale à 16.5 m et une valeur maximale égale à 29 m.

La zone peut être découpée en deux parties selon le sens d'écoulement de l'eau :

- une zone située au nord de Ghannouch ville, où le NP varie entre 16.5 m et 22 m. L'écoulement est de direction Sud-ouest Nord-est, divergent du centre vers les périphéries.
- Une zone située au sud de Ghannouch ville, où le NP varie entre 21 m et 29 m. L'écoulement global étant divergent.

On remarque que dans la zone sud, les lignes iso pièzes sont plus serrées que celles de la zone nord, montrant ainsi un gradient hydraulique plus élevé, vu l'existence des puits d'exploitation. Sachant que le gradient hydraulique est le rapport entre la différence des cotes piézométriques entre deux lignes hydro-isohypse et la distance entre eux *(Rbahi, 2013)*.

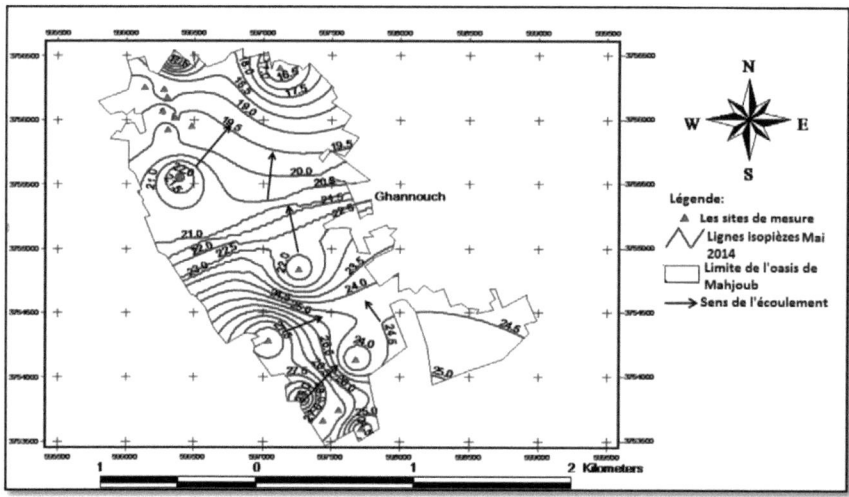

Figure 39 : Carte piézométrique Mai 2014 (en m)

- ❖ **Interprétation de la carte piézométrique Juin 2014 (figure 40) :**
  L'allure générale de la carte piézométrique Juin 2014 est semblable à celle du mois de Mai. En effet le NP varie entre 21 m et 29 m dans la partie amont où se localisent les puits d'exploitation. On remarque que dans cette zone les lignes d'iso valeurs de NP sont plus serrées que celles de la zone aval et aussi que celles du mois de Mai. Donc le gradient hydraulique de la zone située au sud de Ghannouch ville est supérieur à celui de la zone située au nord de Ghannouch ville, vu l'existence de puits d'exploitation et de deux forages Mahjoub 2 et Mahjoub 3 et il est aussi supérieure au gradient hydraulique du mois précédent.
- ❖ Si on superpose les deux cartes piézométriques Mai et Juin 2014 (voir figure 41),on remarque un déplacement de la ligne piézométrique 16.5 vers l'exutoire (dans la direction nord-est de Ghannouch ville) ,de 26 m à peu prés entre le mois de Mai et le mois de Juin, et aussi un léger déplacement, et dans la même direction, des lignes piézométriques :17,17.5,18,18.5,19,20.5.Donc on peut conclure que le niveau piézométrique dans cette zone ,où se trouve le site de mesure numéro 8,qui correspond au fossé 3,s'est abaissé pendant le mois de Juin, résultat qui peut être du à l'élévation de la température, et donc de l'évaporation (Température Mai=22.5°C, Température Juin = 26.7°C),et un problème au niveau du fossé .

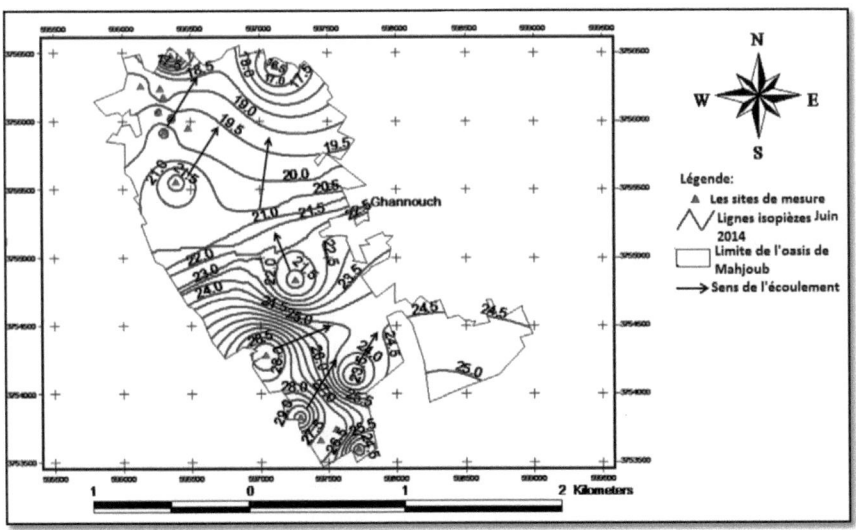

Figure 40 : Carte piézométrique Juin 2014 (en m)

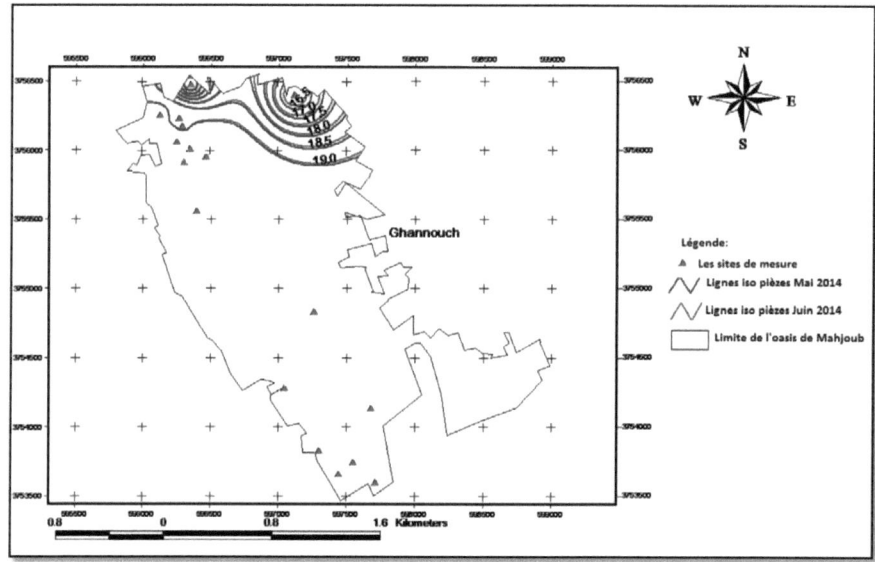

Figure 41 : Carte de superposition des lignes piézométriques des deux mois Mai et Juin 2014

- ❖ **Interprétations de la carte piézométrique Juillet 2014 :**
  Pour la carte piézométrique Juillet 2014 (figure 42), le NP varie entre une valeur minimale égale à 16.5 m mesurée au niveau du site de mesure numéro 8 qui correspond au fossé 3 et une valeur maximale mesurée au niveau du site de mesure numéro 3 correspondant au puits de surface « Baabaa ». Dans la zone où se localise la partie majeure du réseau de drainage, dans la direction Nord de Ghannouch ville, la piézométrie varie entre 16.5 m et 21.5 m. La direction de l'écoulement est divergente allant du centre vers les exutoires. Pour la zone située au sud de Ghannouch, zone où se trouvent les puits de surface, le NP varie entre 21 m et 28.5 m. La direction de l'écoulement est aussi divergente vers les exutoires. Remarquons que les lignes d'égales valeurs de NP sont plus serrées que celles de la zone précitée, montrant ainsi un gradient hydraulique plus élevé, prouvant ainsi que cette zone est une zone d'exploitation.
- ❖ Superposons la carte piézométrique Juillet 2014 avec celle du mois de Juin 2014(figure 43), on constate des déplacements de plusieurs lignes iso pièzes vers l'exutoire pendant le mois de Juillet dans la zone située au nord de Ghannouch ville ou un réseau de fossés à ciel ouvert est concentré et donc une baisse du NP entre le mois de Juin et le mois de Juillet, parmi ces

déplacements on cite : déplacement de la ligne 16.5 m de 19 m vers l'exutoire, déplacement de la ligne 19 m de 49 m et la ligne 20 m de 52 m, toujours dans la même direction.

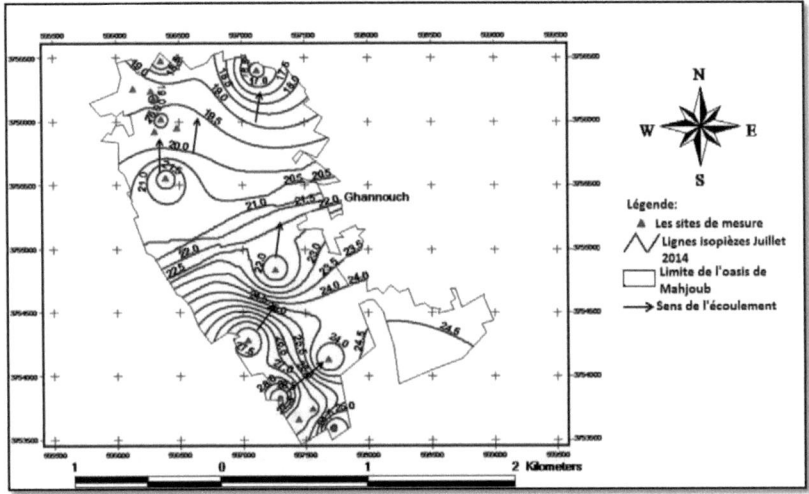

Figure 42 : Carte piézométrique Juillet 2014 (en m)

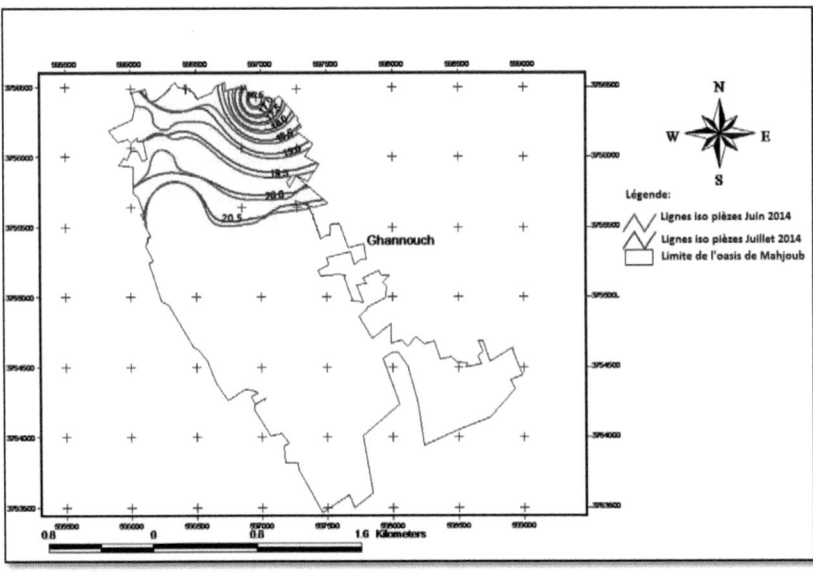

Figure 43: Carte de superposition des lignes piézométriques des deux mois Juin et Juillet 2014

❖ **Interprétations de la carte piézométrique Aout 2014(figure 44) :**

On distingue comme pour les cartes des mois qui précèdent, deux zones : une zone ou se localisent les puits d'exploitation avec un NP qui varie entre 21 m et 29 m et une autre où se concentre la partie majeure du réseau de drainage, avec un NP variant de 16.5 m jusqu'à 22 m.

La direction globale de l'écoulement est divergente. Le gradient hydraulique étant plus élevé au niveau des puits de surface.

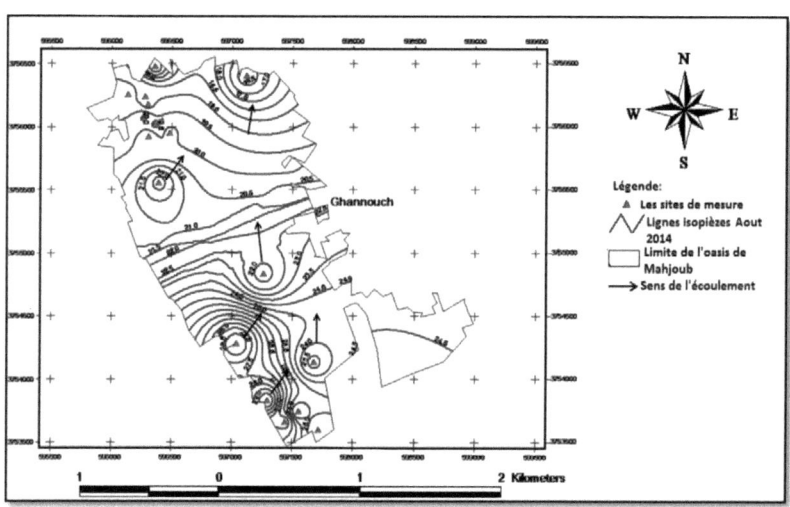

Figure 44 : Carte piézométrique Aout 2014 (en m)

Superposons les deux cartes piézométriques (figure 45), celle du mois de Mai 2014 et celle du mois d'Aout 2014, on remarque en général une baisse globale du niveau piézométrique entre le mois Mai et le mois d'Aout, ceci peut être expliqué par l'augmentation de la température moyenne mensuelle pendant le mois d'Aout (32.75 °C) et prouve que la nappe de l'oasis de Mahjoub est sollicitée au pompage.

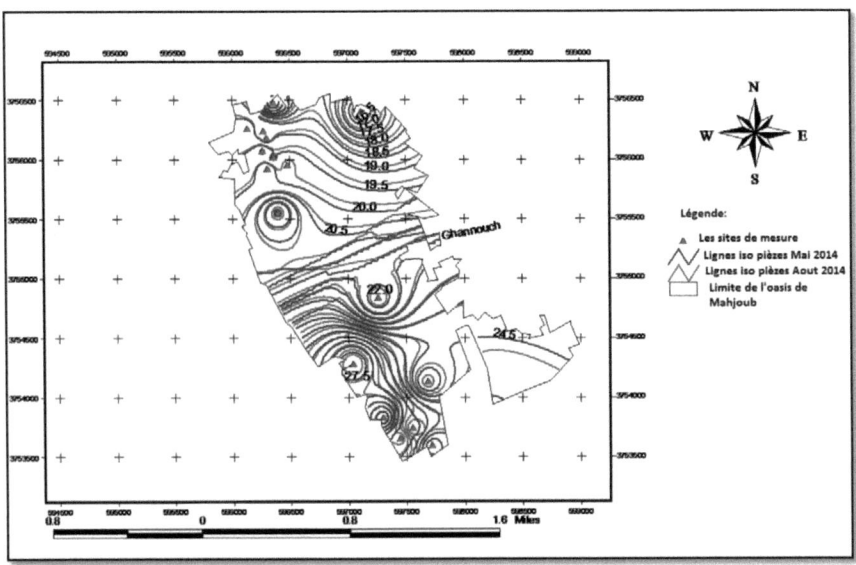

Figure 45: Carte de superposition des lignes piézométriques des deux mois Mai et Aout 2014

→ On remarque que pour toutes les cartes, le niveau piézométrique est invariable au niveau des drains deux hypothèses possibles :
- L'eau s'écoule au permanent avec un niveau constant, dans ce cas le drain contrôle le niveau de l'eau de la nappe.
- L'existence d'un obstacle au niveau du drain : dans ce cas on observe une remontée de la nappe et la nappe change de direction. Ceci peut être aussi prouvé par l'augmentation de la salure dans la nappe, l'eau remonte par capillarité, elle s'évapore et la concentration en sels augmente.

L'une des hypothèses ou l'autre sera retenue après avoir analysé les cartes de la variation de la salure.

II-6-Interprétations des coupes piézométriques :

II-6-1- La coupe AB :

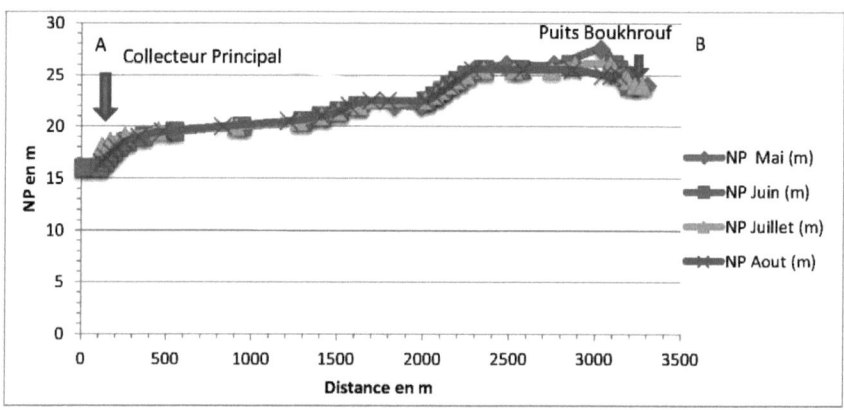

Figure 46 : Profils des piézométries en fonction de la distance selon la coupe AB pendant les mois Mai, Juin, Juillet, et Aout 2014

La coupe piézométrique AB de direction collecteur principal-puits « Boukhrouf »,pour les différents mois, montre la même allure pour les différents mois Mai, Juin, Juillet et Aout 2014,avec une légère augmentation pendant le mois de Mai, en effet pendant ce mois la température moyenne est la plus basse parmi les 4 mois précités avec une quantité d'irrigation la plus importante. La figure 36 dévoile que NP est entrain d'augmenter d'une façon progressive de 16 m pour atteindre les 25 et même les 27.5 m pour le mois de Mai, à une distance de 2250 m du collecteur principal, et ensuite le niveau se stabilise sur une longueur de 792 m, enfin et au niveau du puits de « Boukhrouf », le NP chute à 24 m suite à l'exploitation agricole.

II-6-2-La coupe CD :

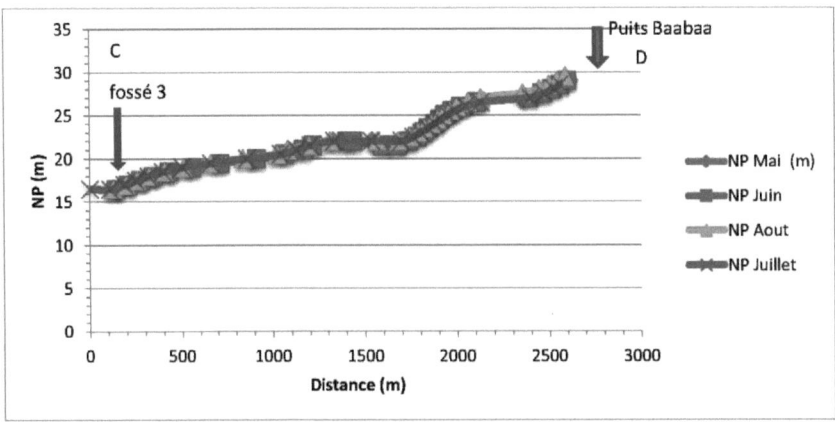

Figure 47 : Profils des piézométries en fonction de la distance selon la coupe CD pendant les mois Mai, Juin, Juillet, et Aout 2014

Les profits piézométriques selon la coupe CD de direction site 8 « fossé 3 »-site 3 « puits Baabaa » sont les mêmes pour les différents mois selon la figure 45.En effet le NP est en progression continue depuis le fossé jusqu'à le puits. Le NP passe de 16.5 m à 29 m. Cela confirme les résultats des cartes piézométriques qui approuvent que l'oasis se divise en deux parties différents, une partie sud avec un NP supérieure à celui de la partie nord. Donc une intensification du réseau de drainage au niveau de la zone nord doit être effectuée afin de bien évacuer les excédents de l'irrigation, éviter l'écoulement hypodermique et donc la remontée de la nappe vers la zone racinaire qui à son tour favorise l'augmentation de la salure.

II-6-3-La coupe EF :

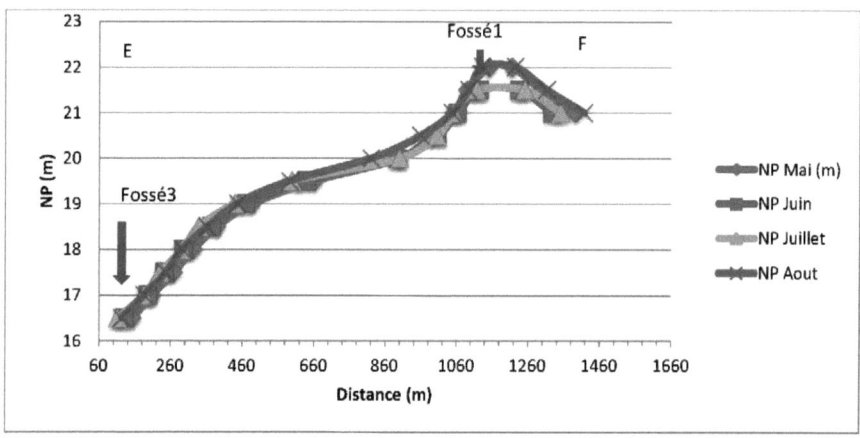

Figure 48 : Profils des piézométries en fonction de la distance selon la coupe EF pendant les mois Mai, Juin, Juillet, et Aout 2014

Cette coupe commence par le site 8 « fossé3 » et passe par le fossé 1 « site 16 ».On constate que le niveau piézométrique progresse d'une façon continue depuis le fossé 3 jusqu'à le fossé 1 et avec la même allure pour les quatre mois. Le NP passe de 16.5 m à 22 m pour les deux mois de Mai et Aout et 21.5 m pour les deux mois Juin et Juillet. Puis à partir d'une distance de 1131 m, exactement au niveau du fossé 1, le NP se stabilise sur une courte distance de 92 m ensuite il décroît. On remarque que le NP du fossé 3 est inférieure à celui du fossé 1, donc le fossé 3 est bon état il est entrain d'évacuer les eaux vers les exutoires, par contre le fossé 1 nécessite un curage pour faire passer l'eau au bassin de rejet.

→ La nappe est sollicitée à l'exploitation
→ La partie nord de l'oasis nécessite un entretien au niveau des fossés à ciel ouvert parmi lesquels le fossé 1
→ Le NP de la zone d'exploitation (zone sud) est élevé par rapport à celui de la zone drainée (zone nord).

III- Suivi de la conductivité électrique :

III-1-Analyse des cartes d'iso valeurs de conductivité électrique :

❖ **Interprétation de la conductivité électrique de la zone nord de l'oasis de Mahjoub pendant l'année 2011 :**

Avant le démarrage du projet de réhabilitation, des mesures de la conductivité électrique ont été effectuées au niveau de quelques fossés localisés dans la partie nord de l'oasis.

La figure 49 ci-dessous montre que pour l'année 2011, la conductivité électrique varie entre 8.8 mS/cm et 10.1 mS/cm.

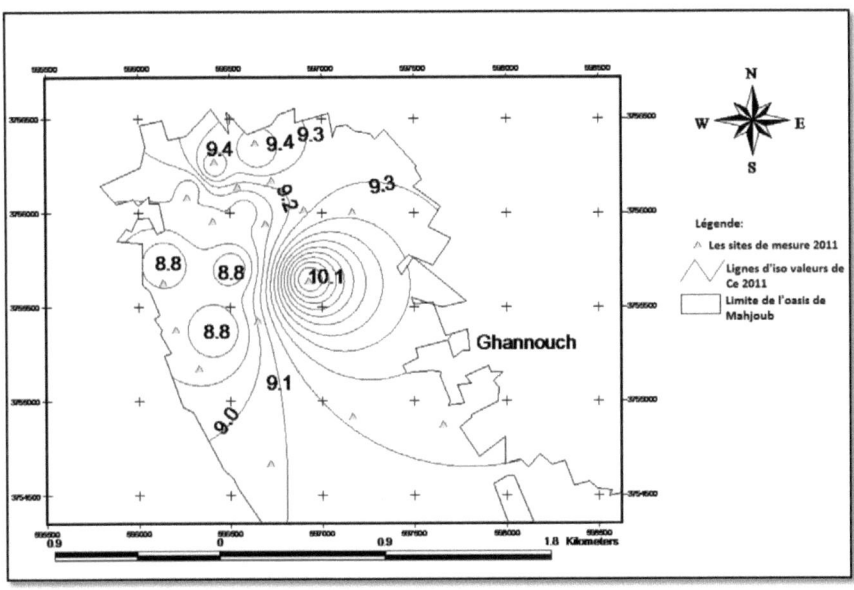

Figure 49 : Carte d'iso valeurs de Ce 2011 (mS/cm)

❖ **Interprétations de la carte d'iso valeurs de Ce Mai 2014 :**

Tout comme les cartes piézométriques et les cartes de la profondeur d'eau, les cartes de la conductivité électrique aussi peuvent être subdivisées en deux parties :

✓ **Pour le mois de Mai 2014(figure 50) :**
- Une partie où se concentrent les puits de surface et où la variation de la conductivité électrique est comprise entre 7 mS/cm et 9.5 mS/cm
- Une partie où se concentrent les fossés et les drains enterrés et où la variation de la conductivité électrique est comprise entre 6.5dS/cm mesurée au niveau des drains enterrés

puisque ce sont des ouvrages d'évacuation fonctionnels, et 14 mS/cm quantifiée au niveau du site de mesure numéro 15, qui est un fossé à ciel ouvert à curer, ce qui explique la valeur élevée de la conductivité électrique.

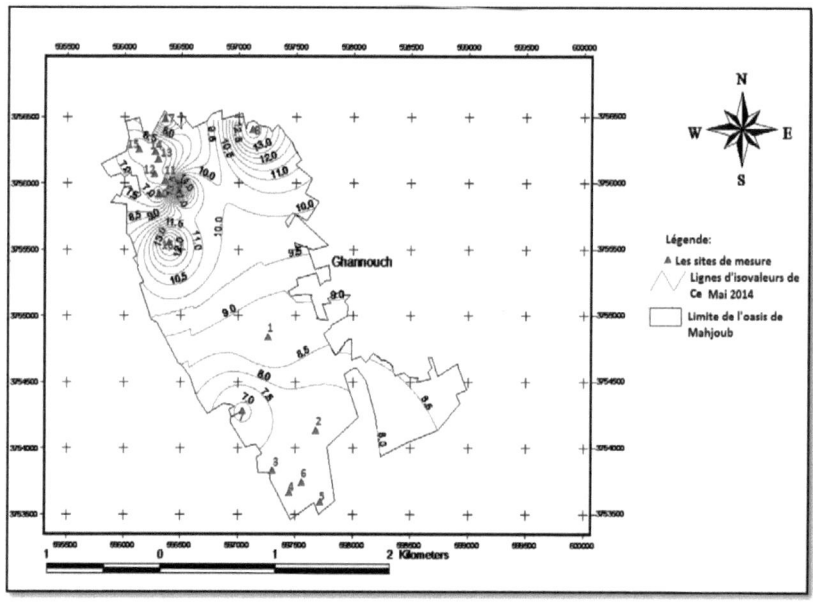

Figure 50 : carte d'iso valeurs de Ce Mai 2014 (mS/cm)

- ❖ **Interprétations de la carte d'iso valeurs de Ce Aout 2014 :**
- ✓ **Pour le mois d'Aout (figure 51) :**

On remarque une élévation globale de la conductivité électrique dans les deux zones qui peut être due à l'élévation de la température pendant le mois d'Aout, en effet dans la partie située au sud de Ghannouch ville, où se situent les puits d'exploitation la conductivité électrique varie entre 8.5 mS/cm et 10 mS/cm. Par contre elle varie entre 6.5 mS/cm, toujours au niveau des drains, et 14.5 mS/cm toujours aussi au niveau des fossés à ciel ouvert à curer.

→ En comparant les valeurs de la conductivité électrique au niveau des fossés pendant l'année 2001 avec celles des mois de l'année 2014, on ne remarque pas une amélioration même après le commencement du projet de réhabilitation et la mise en place d'un petit réseau de drains enterrés et des collecteurs en conduite. Ceci s'explique par l'absence d'entretien des canaux à ciel ouvert qui présentent diverses problèmes, et on identifie jusqu'à maintenant des fossés peu profonds qui sont incapables de contribuer efficacement au lessivage des sels, d'autres qui sont bouchés ou même complètement enterrés.

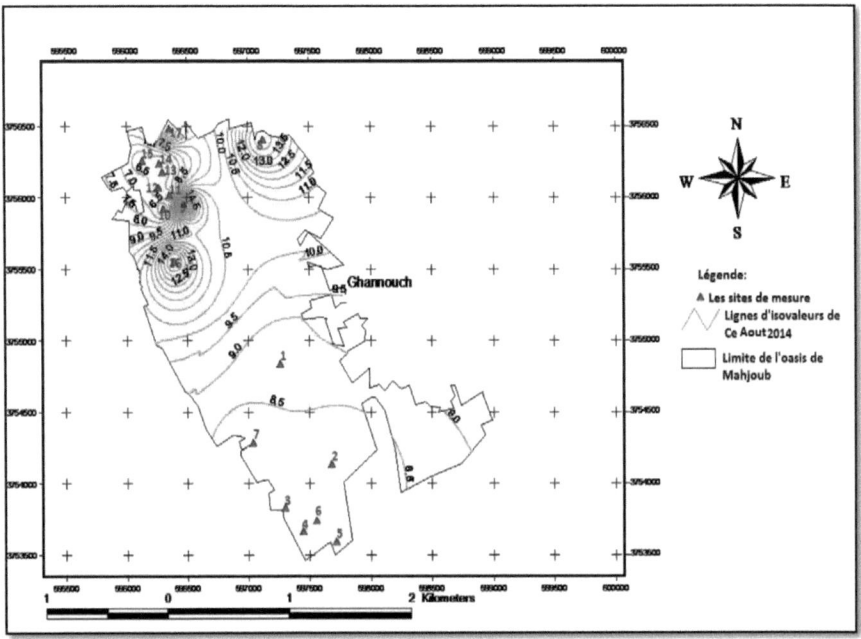

Figure 51 : Carte d'iso valeurs de Ce Aout 2014 (mS/cm)

III-2-Analyse des coupes :

III-2-1-La coupe AB :

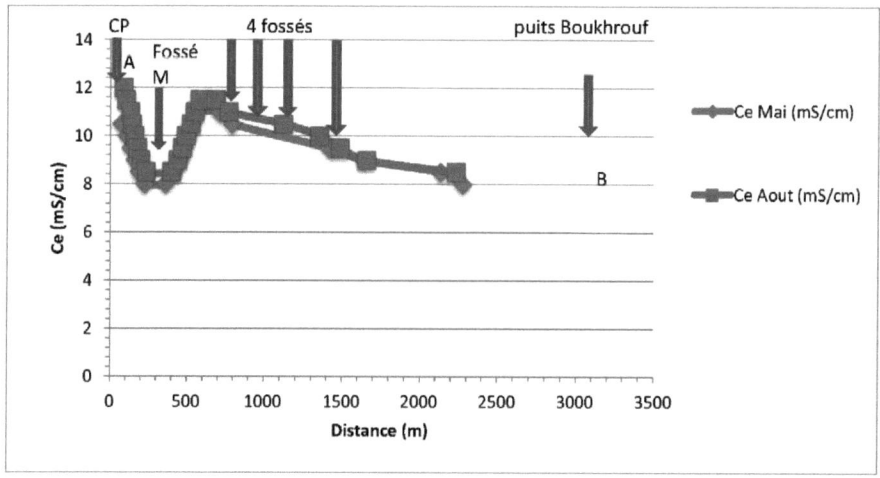

Figure 52 : Variation de la conductivité électrique pendant les mois Mai et Aout 2014 en fonction de la distance et de la perméabilité selon la coupe AB

La coupe AB s'étale entre le collecteur principal (site 17) et le puits d'exploitation « Boukhrouf » (site 5). La figure 52 montre la variation de la conductivité électrique pendant les deux mois de Mai et Aout en fonction de la distance. Concernant la variation de la conductivité électrique, les deux allures du mois de Mai et du mois d'Aout sont semblables : un segment décroissant qui s'étale sur une longueur de 200 m, cette décroissance de la valeur de la Ce de 12 mS /cm (pour les deux mois) à 8 mS/cm (Mai) et 8.5 mS/cm (Aout) continue pour marquer un plateau qui s'étale sur une distance de 150 m et ayant comme valeurs de Ce 8 mS/cm (Mai) et 8.5 mS/cm (Juin) .Ce plateau est du à l'existence d'un fossé (M) à ce niveau qui est entrain de diluer les eaux drainées saumâtres qui arrivent selon la direction générale de l'écoulement, la vitesse étant rapide et la dilution se fait sur une distance de 100 m vers l'aval.

Puis à partir d'une distance de 400 m, la Ce augmente pour regagner une autre fois les 12 mS/cm. Tout en s'approchant de la zone exploitée, où se localisent les puits de surface, on constate que la Ce diminue progressivement pour atteindre 8 mS/cm en Mai et 8.5 mS/cm en Aout.

III-2-2-La coupe CD :

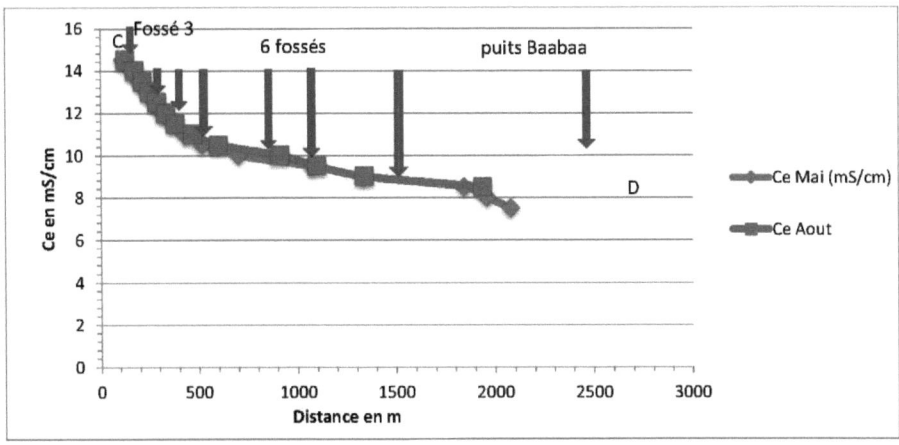

Figure 53 : Variation de la conductivité électrique pendant les mois Mai et Aout 2014 en fonction de la distance et de la perméabilité selon la coupe CD

La coupe CD commence par le site 8 qui est le fossé 3 et finit par le site 3 qui est le puits d'irrigation « Baabaa ». On note que le comportement général de la variation de la conductivité électrique est le même pendant les deux mois Mai et Aout, avec une augmentation pendant le mois d'Aout qui s'étend sur tout le plateau (figure 53). Ainsi on a : une courbe qui décroit progressivement tout en allant du fossé (Ce= 14.5 mS/cm) vers la zone centrale de la nappe où la conductivité aborde 7.5 mS/cm pendant le mois de Mai et 8.5 mS/cm pendant le mois d'Aout. Pour une distance de 1100 m du fossé la conductivité électrique chute de 14 mS/cm à 9 mS/cm.

III-2-3-La coupe EF :

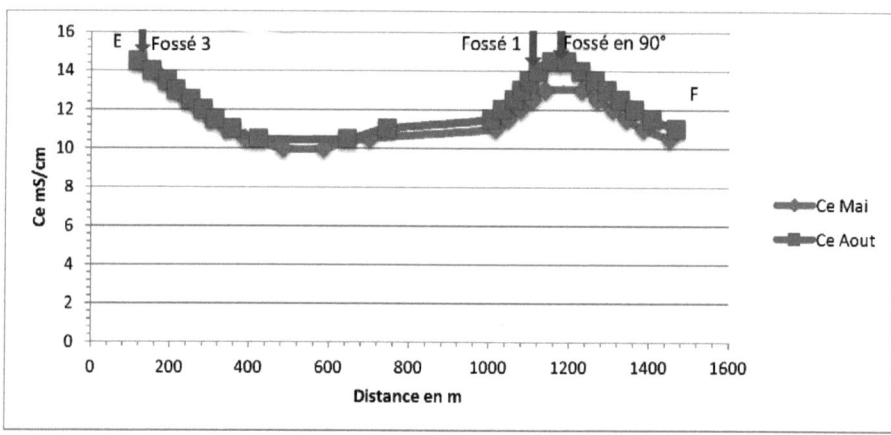

Figure 54 : Variation de la conductivité électrique pendant les mois Mai et Aout 2014 en fonction de la distance et de la perméabilité selon la coupe EF

La coupe EF, c'est une coupe horizontale, de direction site 8 (fossé 3)-site 16 (fossé 1).Le comportement des deux allures Mai et Aout est le même avec une augmentation de la conductivité électrique pendant le mois d'Aout touchant tout le plateau. Quatre zones distinguables sur cette coupe :

- Un segment décroissant de longueur 400 m et d'une conductivité électrique fluctuant entre 14.5 mS/cm au niveau du fossé 3, et 10.5 mS/cm.
- Un deuxième segment croissant de 10 mS/cm à 13 ms/cm pendant le mois de Mai et de 10.5 mS/cm à 14 mS/cm pendant le mois d'Aout et qui s'étend sur 680 m.
- Un pic qui s'étend sur 38 m et tout arrivant au niveau du fossé 1, ce pic marque une valeur de Ce égale à 14.5 mS/cm pour Aout et 13 mS/cm pour Mai. Ceci est du à l'existence d'un fossé en 90° à ce niveau et qui ralentie alors l'écoulement de l'eau, ce qui cause alors une augmentation de la salinité.
- Tout en s'éloignant de 50 m du site de mesure 16 (fossé 1) la conductivité commence à décroitre petit à petit pour toucher une valeur de 10 mS/cm pour une distance de 1465 m du fossé 3.

→ A partir de la décortication des diverses coupes précitées on peut tirer les observations suivantes :
- La salure est entrain d'augmenter verticalement et horizontalement d'une manière plus ou moins hétérogène : on distingue toujours deux zones différentes, une zone comportant les puits de surface, ayant une conductivité électrique et donc une salinité élevée, mais qui reste toujours inférieure à celle de la zone humide où la salure est très prononcée prouvant des problèmes nécessitant des solutions d'urgence au niveau du réseau de drainage.
- Cette salure qui touche presque toutes les zones de la nappe, nous permet de retenir l'hypothèse numéro 2 citée lors de l'analyse de la piézométrie qui est : 'L'existence d'un obstacle au niveau du drain : dans ce cas on observe une remontée de la nappe et la nappe change de direction. Ceci peut être aussi prouvé par l'augmentation de la salure dans la nappe, l'eau remonte par capillarité, elle s'évapore et la concentration en sels augmente'.
- Vers les périphéries la salinité est entrain d'augmenter.
- L'augmentation de la salure pendant le mois d'Aout par rapport au mois de Mai est due à l'augmentation de la température et donc de la demande évaporative, et aussi la quantité d'eau d'irrigation du mois de mois de Mai (111362.4 m^3) est supérieure à celle du mois d'Aout (94298.4 m^3).

IV-Suivi de la concentration en Na Cl :

IV-1-Analyse des cartes d'iso valeurs de Na Cl :

❖ **Interprétations de la carte d'iso valeurs de concentration en Na Cl Mai 2014(figure55) :**

La carte d'iso valeurs de concentration en chlorures de sodium Na Cl du mois de Mai 2014 peut être découpée en deux zones :
- Une zone située au sud de Ghannouch ville, c'est la zone d'exploitation où se concentrent les puits de surface utilisés et non utilisés. La concentration en Na Cl varie globalement entre une valeur minimale égale à 0.2 g/l, mesurée au niveau du puits « Rjeyba », site de mesure numéro 1, en effet ce puits est non utilisé, et une valeur maximale égale à 3.2 g/l mesurée au niveau du site de mesure 5 « puits Boukhrouf » qui est un puits exploité pour l'irrigation.
- Une zone située au nord de Ghannouch ville, c'est la zone basse de recharge, où se concentre le réseau de drainage.

On remarque que la concentration en Na Cl est en général élevée par rapport à la zone précitée.

Elle varie entre 1.2 g/l mesurée au niveau au niveau des drains enterrés c'est-à-dire au niveau des zones d'évacuation, et 5.4 g/l, mesurée au niveau des fossés à ciel ouvert, qui sont des zones d'accumulation.

En fait, dans la zone basse l'écoulement devient lent et la nappe remonte d'où un problème d'accumulation des sels et en particulier le Na Cl.

Donc, tout exutoire peut entrainer l'évacuation des sels c'est pour cette raison, que, malgré la concentration élevée en Na Cl dans les drains, mais elle reste inférieure à celle du fossé et ça s'explique par :

- L'existence d'obstacles dans les fossés, entrainant une remontée de l'eau et une augmentation de la concentration en Na Cl .Ces fossés nécessitent un curage.
- Vers l'aval, nous observons une légère augmentation de la concentration en Na Cl, et ceci est tout à fait logique car ce sont des lignes d'accumulation de tous les sels sortant du périmètre.

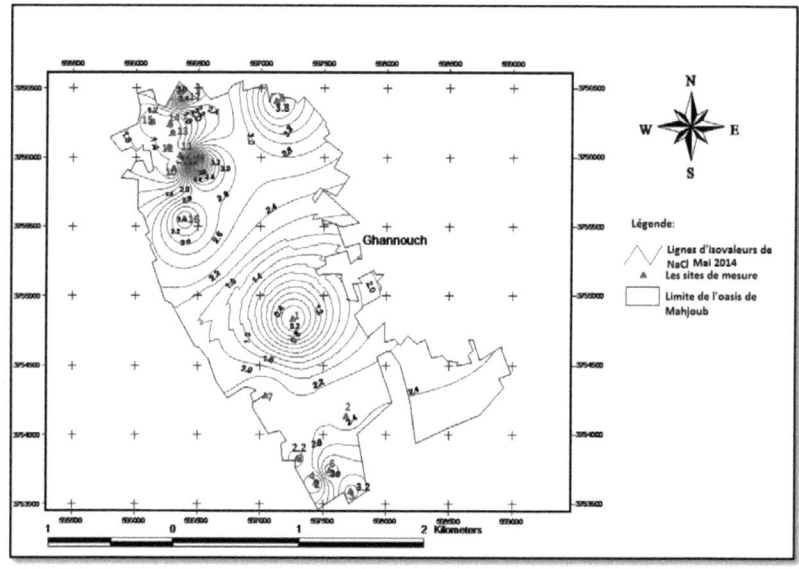

Figure 55 : Carte d'iso valeurs de Na Cl Mai 2014 (g/l)

❖ **Interprétations de la carte d'iso valeurs de concentration en Na Cl Aout 2014 (56) :**

Pour la carte d'iso valeurs de concentration de Na Cl pour le mois d'Aout ,on remarque une augmentation générale de la concentration dans les deux zones qui peut être expliquer par une augmentation de la température .En effet pendant le mois de Mai la température moyenne mensuelle est égale à 22.5°C par contre elle atteint une valeur de 32.75°C pendant le mois d'Aout.

La carte peut être divisée en deux parties :

- Une partie située au sud de Ghannouch ville, qui est la zone d'exploitation. La concentration en Na Cl varie entre 2.2 g/l quantifiée au niveau du puits non utilisé de « Fadhel Hajjej », site de mesure numéro 2.La valeur maximale 3.2 g/l est mesurée au niveau du même puits du mois de Mai c'est le puits de « Boukhrouf » qui correspond au site de mesure numéro 5.
- Une partie située au nord de Ghannouch ville, qui la zone de drainage. La concentration en Na Cl varie entre 1.2 g/l, toujours au niveau des sites 10, 11, 12, 13,14 et 15 qui correspondent à des drains enterrés, et 5.6 g/l au niveau du site 9 qui correspond à un fossé à ciel ouvert nécessitant un curage.
- Vers l'aval, les concentrations en Na Cl sont toujours élevées par rapport à celles de la zone centrale, puisque à l'aval se concentrent les lignes d'accumulation de tous les sels sortant du périmètre.

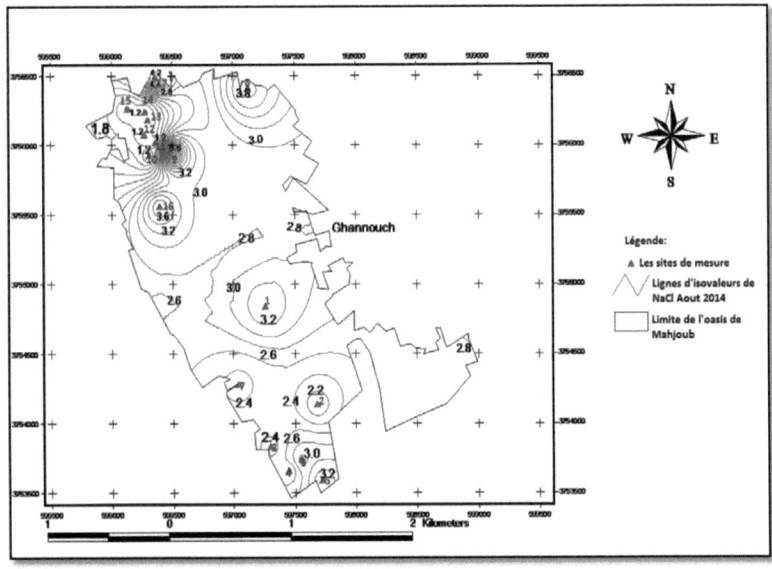

Figure 56 : Carte d'iso valeurs de Na Cl Aout 2014 (g/l)

IV-2-Analyse des coupes :

IV-2-1-La coupe AB :

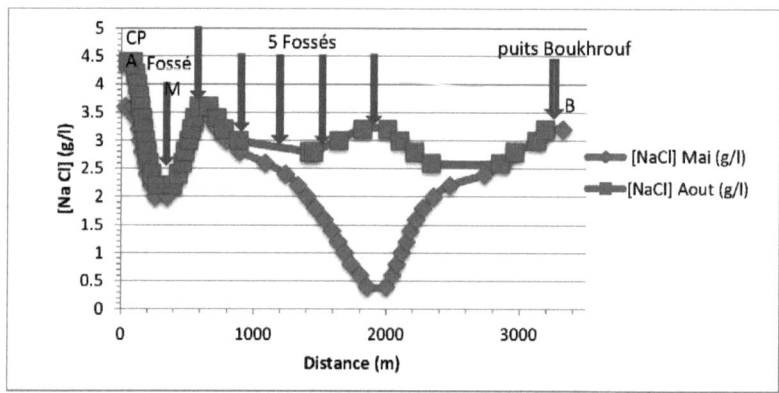

Figure 57 : Les profils des concentrations en [Na Cl] pour les mois de Mai et Aout 2014 selon la coupe AB

Le profit de la coupe AB (figure 57) ayant comme début le collecteur principal et comme fin le site 5 « puits Boukhrouf » montre, pendant le mois de Mai, un segment décroissant commençant par le collecteur principal avec une concentration en Na Cl égale à 3.6 g/l et s'étalant sur une longueur égale à 240.5 m où la concentration chute à une valeur de 2 g/l. Puis à une distance de 300 m à peu prés la concentration en Na Cl commence à augmenter progressivement, si on se réfère à la carte du réseau de drainage on va constater qu'à ce niveau il existe un fossé à ciel ouvert, elle atteint les 3.4 g/l ensuite elle dégrade d'une façon continue pour marquer une valeur de 0.4 g/l pour une distance de 1180 m depuis le collecteur principal. Cette diminution est l'origine de l'existence d'un fossé (M) qui est entrain de diluer les eaux drainées depuis la zone amont.

Enfin et tout en s'approchant de la zone des puits de surface la concentration en Na Cl augmente pour atteindre les 3.2 g/l mais qui reste toujours inférieure mesurée au niveau du collecteur principal.

Pour le mois d'Aout, l'allure au début est similaire à celle du mois de Mai mais la concentration en Na Cl est plus importante au niveau du collecteur principal, elle est égale à 4.6 g/l. Ensuite et tout en s'approchant de la zone centrale de la nappe, on constate bien que le comportement du profit s'est inversé par rapport à celui du Mai, ceci est du à l'augmentation de la température pendant le mois d'Aout et donc de l'évaporation et aussi si on compare les deux quantités d'eau d'irrigation des mois de Mai et d'Aout on trouve qu'il ya une diminution.

IV-2-2-La coupe CD :

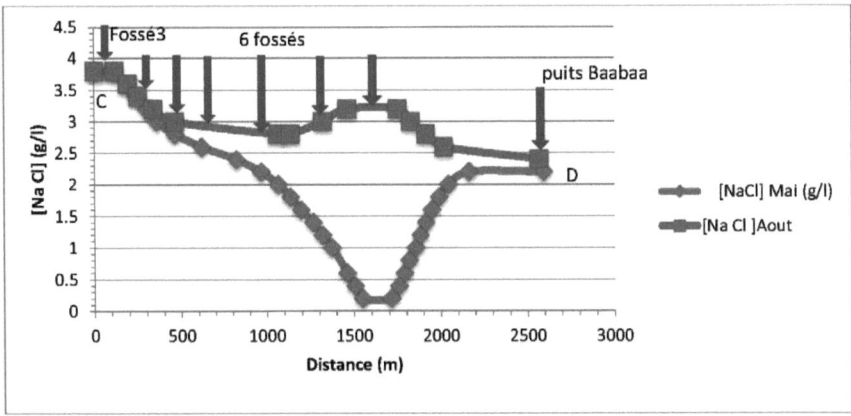

Figure 58 : Les profils des concentrations en [Na Cl] pour les mois de Mai et Aout 2014 selon la coupe CD

Cette coupe (figure 58) a comme point de départ le site 8 situé au niveau du fossé 3, ceci est bien clair au niveau des deux profits Mai et Aout, puisque au début la concentration en Na Cl est très élevée égale à 3.8 g/l , et un point d'arrivée le site 3 qui est « le puits Baabaa », en effet à ce niveau la concentration en Na Cl est de 2.4 g/l pour une distance de 2600 m du site 8. Mais on remarque qu'au niveau de la partie centrale de nappe, les comportement du profit du mois Mai est l'inverse du mois d'Aout, effectivement pour le mois de Mai on a un cône qui marque une valeur de 0.2 g/l, on est à proximité d'un puits de surface non utilisé c'est le site 1 « puits Rjeyba » qui a un effet à une distance de 50 m, contrairement au mois d'Aout on a un pic au niveau de la zone centrale où [Na Cl]= 3.2 g/l. En effet l'eau se médiocre pendant le mois d'Aout .Le ralentissement de l'écoulement du aux changements brusques de direction cause l'accumulation des sels .

IV-2-3-La coupe EF :

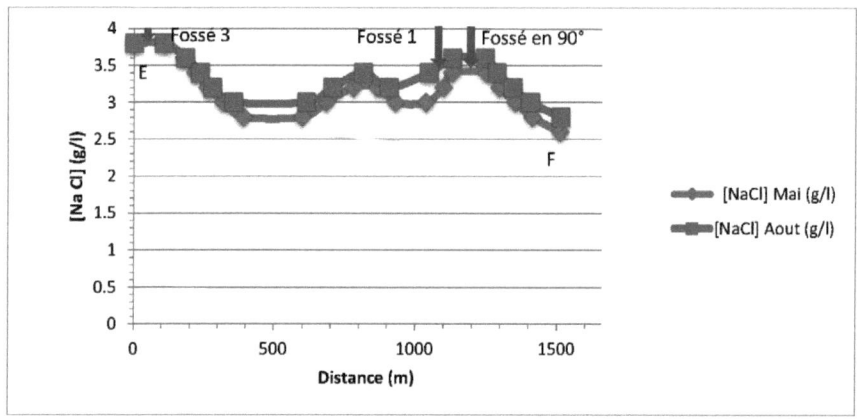

Figure 59 : Les profils des concentrations en [Na Cl] pour les mois de Mai et Aout 2014 selon la coupe EF

On constate d'après la figure 57 qui comporte les deux profits de la concentration en Na Cl selon la coupe EF qui commence par le site 8 (fossé 3) et passe par le site 16 (fossé 1), que les deux allures sont semblables avec une augmentation sur tout le plateau pendant le mois d'Aout, résultat d'une augmentation de la température. On remarque qu'il ya des fluctuations continues, les valeurs les plus élevées sont révélées au niveau des fossés (fossé 3 : [Na Cl] = 3.8 g/l ; fossé 1 : [Na Cl] = 3.6 g/l et qui est situé à une distance de 1128 m du site du fossé 3 et le fossé en 90° [Na Cl] = 3.6 g/l)

V-Suivi de la concentration en chlorures :
V-1-Analyse des cartes d'iso valeurs de Cl^- :

- ❖ **Interprétations de la carte d'iso valeurs de concentration en Cl^- Mai 2014 (figure 60):**
  La carte d'iso valeurs de concentration en chlorures Cl^- du mois de Mai 2014 peut être divisée en deux zones :
- Une zone située au sud de Ghannouch ville, c'est la zone d'exploitation où se concentrent les puits de surface utilisés et non utilisés. La concentration en Cl^- varie entre une valeur minimale égale à 0.1 g/l, mesurée au niveau du puits « Rjeyba », site de mesure numéro 1, en effet ce puits est non utilisé, ce qui explique la valeur infime de la concentration en Cl^-, et une valeur maximale égale à 1.9 g/l quantifiée au niveau du site de mesure 5 « puits Boukhrouf » qui est un puits exploité pour l'irrigation.

- Une zone située au nord de Ghannouch ville, c'est la zone basse de recharge, où se concentre la partie majeure du réseau de drainage.

On remarque que la concentration en Cl^- est en général élevée par rapport à la zone précitée. Elle varie entre 0.8 g/l mesurée au niveau au niveau des drains enterrés c'est-à-dire au niveau des zones d'évacuation, et 3.3 g/l, mesurée au niveau des fossés à ciel ouvert, qui sont des zones d'accumulation.

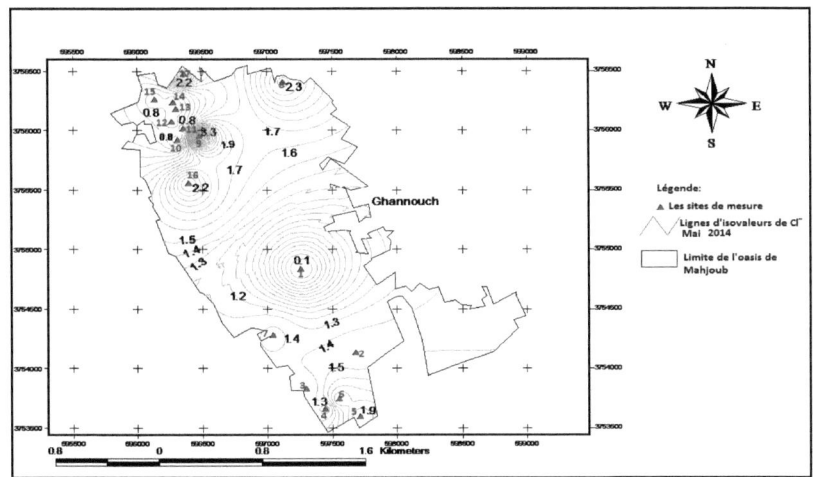

Figure 60 : Carte d'iso valeurs de [Cl^-] Mai 2014 (g/l)

- ❖ **Interprétations de la carte d'iso valeurs de concentration en Cl^- Aout 2014 (figure 61):**

La carte peut être divisée en deux parties :
- Une partie située au sud de Ghannouch ville, qui est la zone d'exploitation. La concentration en Cl^- varie entre 1.3 g/l quantifiée au niveau du puits non utilisé de « Fadhel Hajjej », site de mesure numéro 2. La valeur maximale 2 g/l est mesurée au niveau du même puits du mois de Mai c'est le puits de « Boukhrouf » qui correspond au site de mesure numéro 5.
- Une partie située au nord de Ghannouch ville, où se trouve la majorité du réseau de drainage. La concentration en Cl^- fluctue entre 0.8 g/l, toujours au niveau des sites 10, 11, 12, 13, 14 et 15 qui correspondent à des drains enterrés, et 3.4 g/l au niveau du site 9 qui correspond à un fossé à ciel ouvert nécessitant un curage.

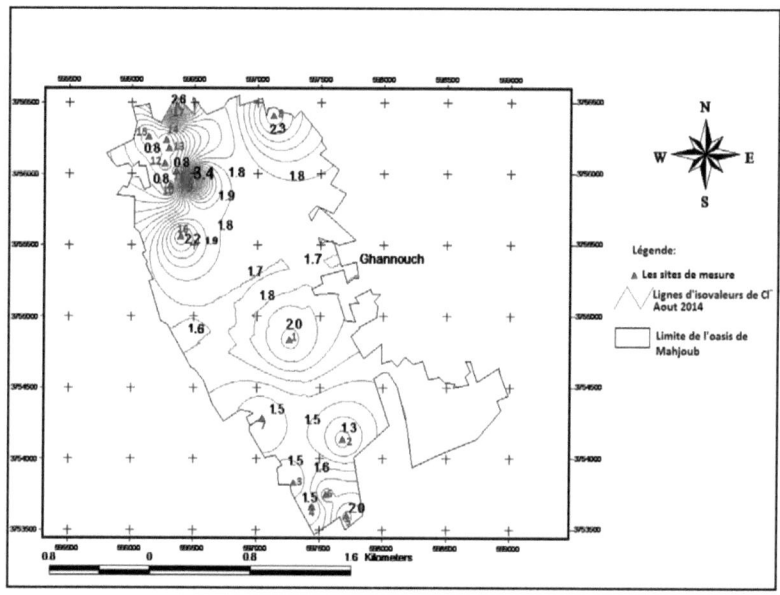

Figure 61 : Carte d'iso valeurs de [Cl^-] Aout 2014 (g/l)

V-2-Analyse des coupes

V-2-1-La coupe AB :

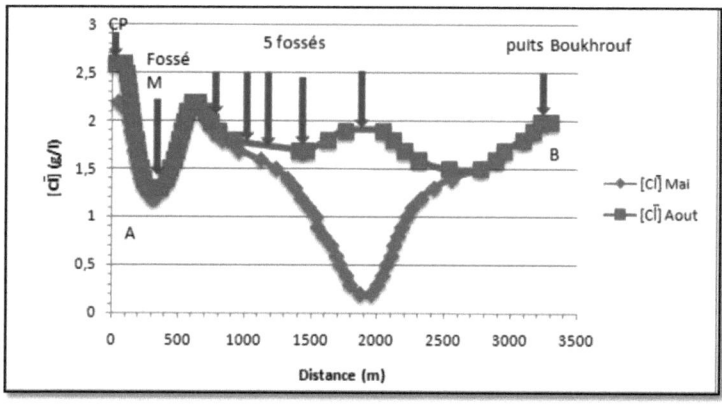

Figure 62 : Les profils des concentrations en [Cl^-] pour les mois de Mai et Aout 2014 selon la coupe AB

La coupe AB ayant comme direction le collecteur principal « site 17 » le puits Boukhrouf « site 5 ».La figure 62 montre, que pour les deux mois Mai et Aout on a une concentration en Cl⁻ élevée au niveau du collecteur principal, elle est de l'ordre de 2.2 g/l pour le mois de Mai et 2.6 g/l pour le mois d'Aout. Ensuite on a une dégradation continue qui marque une valeur de 1.2 g/l, c'est l'effet diluant du fossé M, puis à partir d'une distance de 250 m cette concentration augmente une autre fois vu l'existence d'un fossé à ce niveau .Au delà de cette distance, on note un cône pour la concentration du mois de Mai, c'est-à-dire au niveau de la zone centrale de la nappe, et tout prés du « site 1 » (à 100 m) qui est le puits Rjeyba non utilisé .Finalement la concentration augmente peu à peu tout en s'approchant du puits exploité Boukhrouf .

V-2-2-La coupe CD :

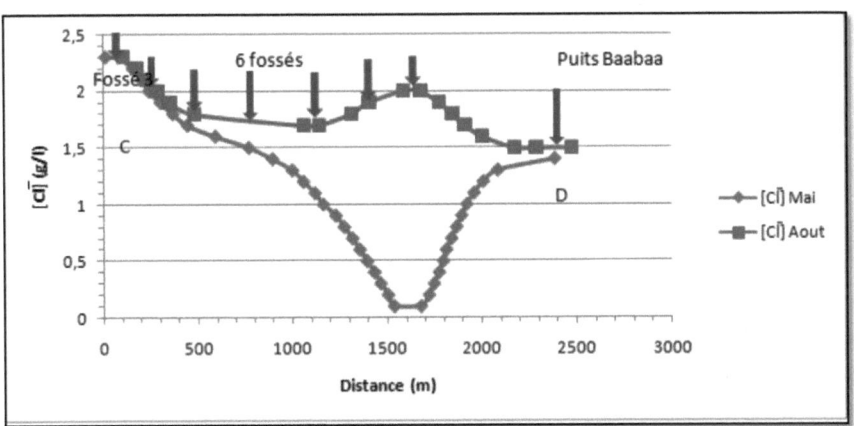

Figure 63: Les profils des concentrations en [Cl⁻] pour les mois de Mai et Aout 2014 selon la coupe CD

La coupe CD (figure 63) est de direction site 8 situé au niveau du fossé 3 et le site 3 qui est le puits d'exploitation Baabaa .La concentration en Cl⁻ est élevée au niveau du fossé 3, et pour les deux mois, elle est égale à 2.3 g/l. Au niveau de la zone centrale de la nappe, le profit du mois d'Aout s'est inversé par rapport à celui du mois Mai, effectivement il était un cône avec une concentration très basse de 0.1 g/l de 1600 m, et qui est loin, horizontalement, du puits non utilisé 1 « Rjeyba » de 50 m ,mais on constate que pendant le mois d'Aout, le cône devient un pic d'une valeur de 2 g/l ,enfin et pour les deux profits, la concentration en Cl^- est de 1.5 g/l .

V-2-3-La coupe EF :

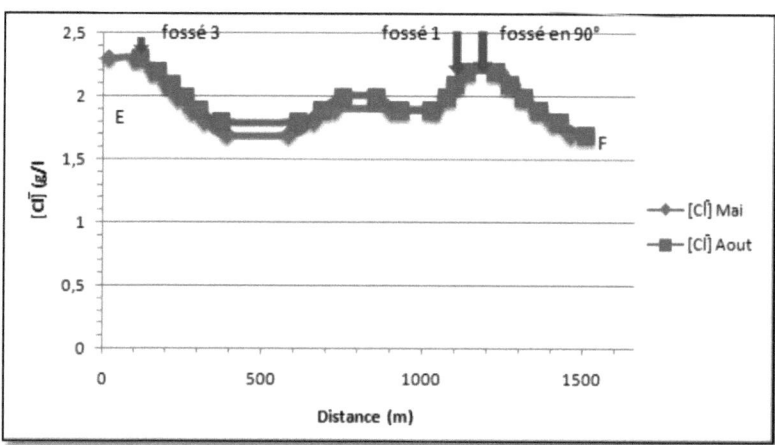

Figure 64: Les profils des concentrations en [Cl^-] pour les mois de Mai et Aout 2014 selon la coupe EF

La coupe EF (figure 64), ayant comme point de départ le fossé 3 (site 8) et puis passe par le site situé au niveau du fossé 1 (site 16), montre par la figure 55 que les profits du Mai et d'Aout sont similaires, en effet ils révèlent des fluctuations continues, avec des valeurs maximales égales à 2.3 g/l et 2.2 g/l mesurées respectivement au niveau des sites des fossés 3 et 1.

VI- La variation du pH :

Le pH est l'un des paramètres les plus importants des propriétés de l'eau, il permet de donner une indication sur l'acidité :

- Si le pH est supérieur à 7 l'eau est considérée basique
- Si le pH est inférieur à 7 l'eau est considérée acide
  D'après la figure 63 ci-dessous on remarque que :
- Au niveau des puits (les 7 premiers sites) le pH varie entre 7.6 et 8
- Au niveau des fossés (les sites 8,9 et 16) le pH varie entre 7 et 7.2
- Au niveau des drains (les sites 10, 11, 12, 13, 14, et 15) le pH est presque neutre, il est égal à 7.
- Au niveau du collecteur principal le pH varie entre 7.6 et 8.2.

→ Donc au niveau des différents sites, et pour les deux mois Mai et Aout, le pH est globalement, légèrement basique, puisqu'il fluctue entre 7 et 8.2.

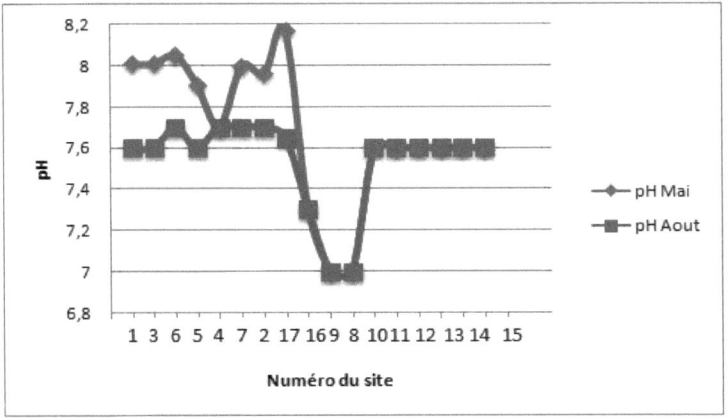

Figure 65 : Variation du pH dans les différents sites d'essai pendant les mois de Mai et d'Aout

VII-Etat de la profondeur d'eau et de la conductivité électrique pendant la saison estivale :

❖ **Interprétation de la carte de la profondeur d'eau :**

D'après la figure 66, la profondeur de l'eau moyenne pour les quatre mois Mai, Juin, Juillet et Aout, on remarque que le niveau de l'eau dans la partie sud de l'oasis varie entre 2.2 m et 3.6 m .Par contre pour la partie sud la profondeur fluctue entre 1.6 m et 2 m. C'est dans cette zone qu'un petit réseau de drains enterrés et de collecteurs a été mis en place par rapport à l'année 2014. En effet si on compare cette carte à celle de la profondeur d'eau de l'année en 2011 où le niveau de l'eau dans la parte nord varie entre 0.1 m et 2.1 m on déduit que le début de l'intensification du réseau de drainage commence à avoir des effets bénéfiques.

❖ **Interprétation de la carte de la conductivité électrique :**

D'après la figure 67 qui montre la variation de la conductivité électrique moyenne des mois Mai, Juin, Juillet et Aout 2014, on remarque qu'au niveau des sites des drains enterrés la Ce est inférieure à celle mesurée au niveau des sites des fossés où elle atteint une valeur très élevée surtout au niveau du site du fossé 3, en effet ce dernier se localise au niveau de l'exutoire, lieu d'accumulation des eaux de la zone 5 précitée dans la figure 5 . Cette valeur qui est égale à 14.5 mS/cm confirme aussi que le réseau de fossés à ciel ouvert nécessite un curage. Bref, en comparant les valeurs de conductivité électrique au niveau de la partie où se localisent les drains enterrés fonctionnels en 2014 par celles au niveau de la même partie en 2011, on constate que la Ce a diminué de 8.8 mS/cm en 2011 à 6.5 mS/cm en 2014. Donc le réseau de drains enterrés commence à avoir un effet bénéfique sur la zone Nord-ouest de l'oasis. Aussi les valeurs de la conductivité électrique reste élevées au niveau des puits de surface, résultat d'une exploitation agricole accrue.

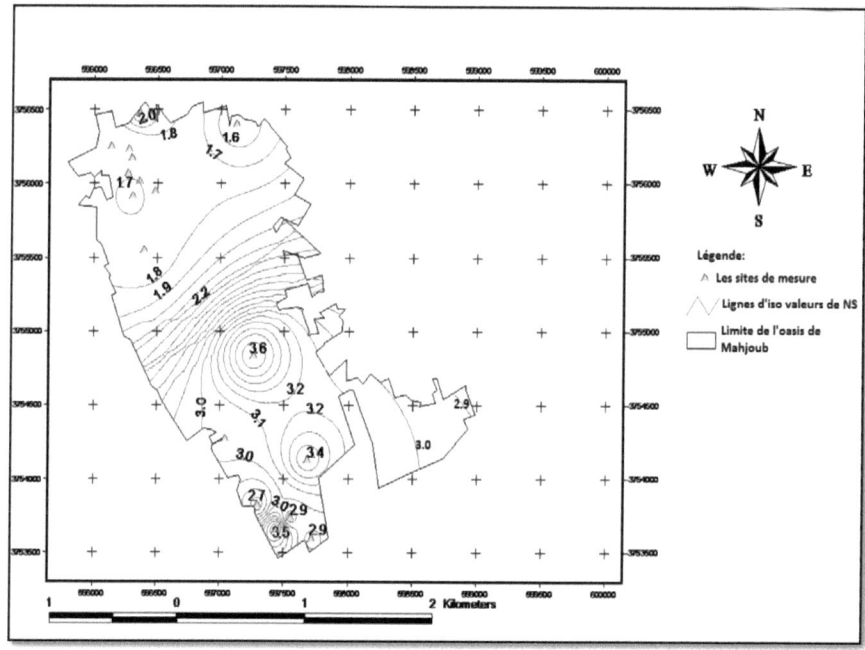

Figure 66 : Carte de la profondeur d'eau moyenne (m)

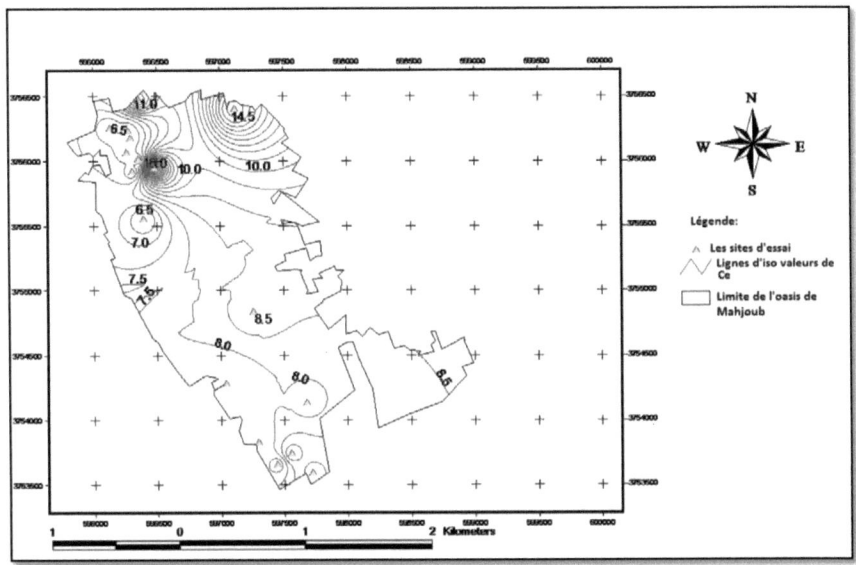

Figure 67 : Carte d'égales valeurs de conductivité électrique moyenne (mS/cm)

Conclusion :

L'analyse des différentes cartes de la profondeur d'eau, de la piézométrie, de la concentration en chlorures de sodium, de la concentration en chlorures et de la conductivité électrique, ainsi que leurs différentes coupes montrent que :

- Les situations de la nappe et du réseau de drainage sont indépendantes : l'amélioration de l'une ou sa détérioration ont un effet direct sur l'autre.
- La température élevée, et donc la demande évaporative élevée présente un problème sur cette oasis, en effet la salinité augmente surtout au niveau des fossés à ciel ouvert.
- L'exploitation accrue des puits d'exploitation détériore la qualité des eaux d'irrigation.
- Ils existent des fossés qui sont entrain de bien diluer les eaux drainées et d'autres qui ne le font pas.
- Lorsque la perméabilité diminue, la vitesse de l'infiltration de l'eau diminue aussi ce qui favorise l'accumulation des sels.
- La concentration en sels est entrain d'augmenter de l'amont à l'aval.
- En se référant au niveau statique des 3 forages et des différentes interprétations on remarque que la nappe artésienne est entrain d'augmenter suite à l'alimentation par les excédents de l'eau de l'irrigation de la nappe superficielle.

Chapitre V : Modélisation des écoulements dans un fossé de drainage rempli tenant compte de la zone non saturée

Introduction :

Le périmètre irrigué de l'oasis de Mahjoub est drainé essentiellement par les fossés, puisque la longueur des fossés à ciel ouvert est égale à 45.1 m/ha par contre celle des drains enterrés est égale à 3.59 m/ha, donc le drainage principal est celui par fossés, d'où il est intéressant d'étudier la modélisation des écoulements dans un fossé de drainage tenant compte de la zone non saturée.

Nous avons simulé l'écoulement au permanent d'une recharge par irrigation lorsque le fossé contient une lame d'eau de la nappe. Ce cas est représentatif de tout le périmètre.

I-Etude théorique :

Les écoulements monophasiques de l'eau dans le sol, en présence d'une nappe drainée, ont fait l'objet d'une modélisation dite « saturée-non saturée » qui prend en compte l'ensemble du système constitué par la nappe et la zone non saturée.

Les écoulements dans un pareil système sont décrits à l'échelle macroscopique par les équations aux dérivées partielles fortement non linéaires. La résolution de ces équations induit que le flux entrant à partir de la surface du sol n'est pas en totalité écoulé vers la nappe. Une bonne partie sera transférée à travers la zone non saturée vers le fossé (voir figure 68)

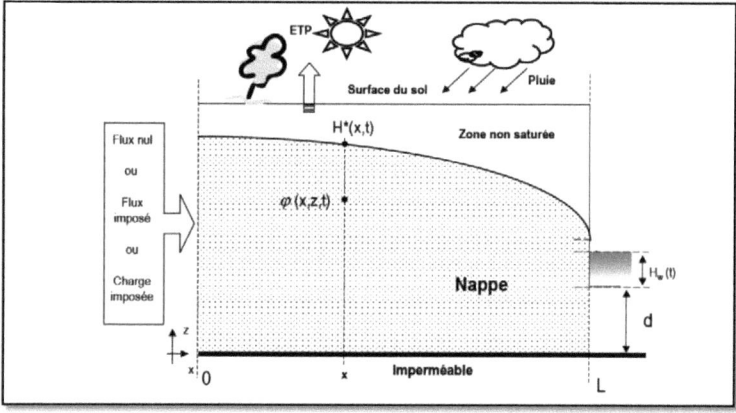

Figure 68 : Modèle général d'un écoulement dans une nappe drainée par un fossé *(KAO, 2002)*

Avec :

Hw (t): charge hydrostatique constante dans le fossé

d : distance entre le fond du fossé et le substratum imperméable φ (X, Z, t) : charge hydraulique totale

H*(X, t) : la limite supérieure du domaine

Cette résolution nécessite l'utilisation d'un code qui est l'Hydrus-2D .Ce code en fait résorbe l'équation de Richards sous sa forme mixte :

$$\frac{\partial \theta}{\partial t} = div\ [-\overline{\overline{K}}(h).\overrightarrow{grad}\ H(x, y, z, t)]$$

où θ est la teneur en eau volumique [$L^3 L^{-3}$], H(x, y, z, t) est la charge hydraulique totale (h+z) avec h le potentiel de pression [L], ($\overline{\overline{K}}(h)$) est le tenseur de conductivité [LT^{-1}] et t le temps [T].

Pour pouvoir donner à la sortie, pour chaque nœud du maillage, les valeurs de pression, de teneur en eau, et les composantes verticales et horizontales du vecteur vitesse.

Les données d'entrée à fournir au modèle Hydrus -2D sont :

- la durée de la simulation,
- les unités de longueur et de temps choisies.

Aussi il nécessite la définition :

- Des conditions initiales qui doivent être spécifiées sur tous les points du domaine. Ces conditions peuvent être exprimées en charge de pression, en teneur en eau ou concentration.
- Et des conditions aux limites sont diverses. Nous pouvons choisir entre flux nul, flux constant non nul, flux variable, pression d'eau constante, pression d'eau variable et surface de suintement.

II-Application par le modèle Hydrus-2D :

II-1- Description du système modélisé :

Le système modélisé est un aquifère présentant une nappe à surface libre, ne reposant pas sur une assise imperméable horizontale et drainée par un fossé à ciel ouvert dont la paroi est considérée comme verticale.

L'écoulement étant gravitaire dans un plan (X, z).La surface libre de la nappe est définie comme une surface isobarique telle que φ (X, z, t) =Z avec φ (X, z, t) = h(X, z, t) + z, c'est la charge hydraulique totale et h c'est le potentiel matriciel de l'eau dans le sol.

En effet le sol étant composé de deux couches : une couche sableuse et une autre sablo-limoneuse dont les caractéristiques sont indiquées dans le tableau ci-dessous (1 = couche sableuse, 2 = couche sablo-limoneuse)

Tableau 20 : Les paramètres de l'écoulement de l'eau dans les deux différentes couches du sol de l'aquifère, avec : Qr : teneur en eau résiduelle, Qs : teneur en eau saturée, Alpha et n : paramètres du sol de Mualem-Van Genuchten, Ks : conductivité hydraulique à la saturation

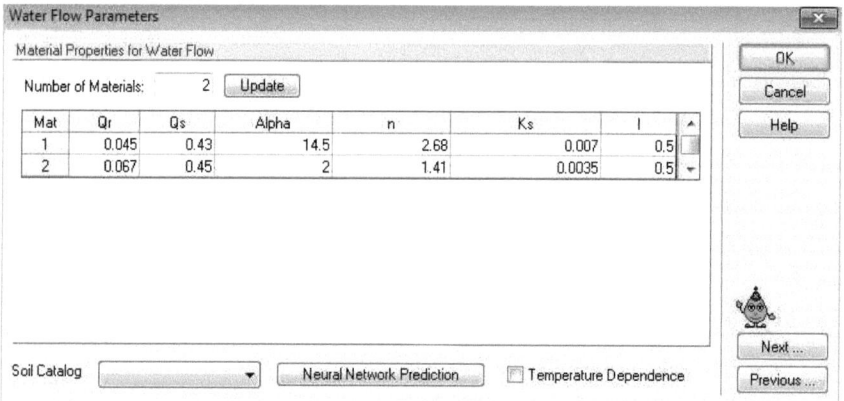

- Le plancher imperméable est situé à 5 m de la surface du sol. La distance entre deux fossés est égale à 100 m donc dans notre cas L= 50 m. Le flux vertical est de l'ordre de 0.00003 m/h
- La condition aval du système est le niveau d'eau à l'équilibre hydrostatique (Hw) dans le fossé (condition φ(L,t) = Hw (t)), pouvant être variable dans le temps La surface libre de la nappe ne se raccorde pas exactement à la surface d'eau libre : il existe une « surface de suintement » de hauteur Hs (t) à travers laquelle l'eau sort à la pression atmosphérique *(Muskat, 1946 ; Schneebeli, 1966).*
- A l'amont de la nappe (à une distance L du fossé), le flux est nul.(voir figure 69).
→ La combinaison de ces différentes conditions permet de déterminer la position du toit de la nappe.

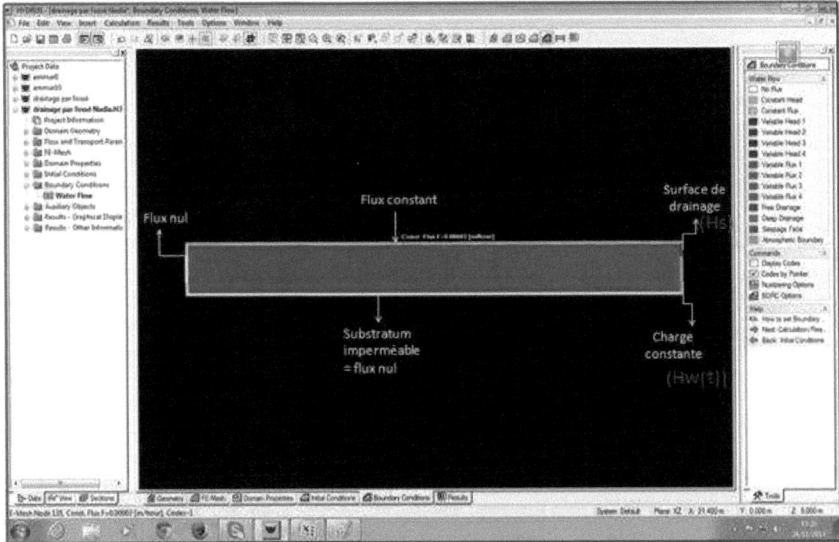

Figure 69 : Système hydraulique considéré et conditions aux limites

II-2-Résultats :

Après un temps t= 20000 heures, la forme générale parabolique de la nappe apparait et le modèle est simulé.

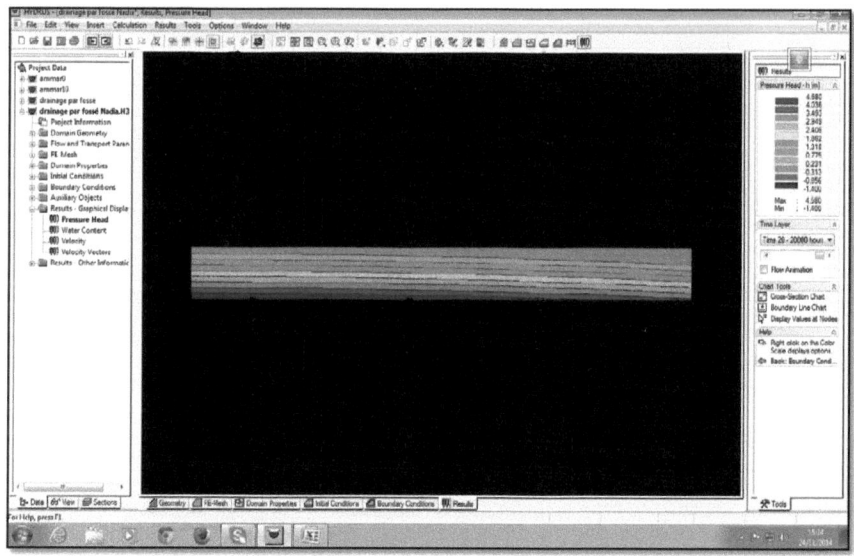

Figure 70 : Résultats de la simulation par Hydrus-2D

La courbe de la variation de la charge matricielle de la nappe en fonction de X (figure 71) présente une forme parabolique .On remarque que pour X0(0), h (0) = 4.6 m c'est-à-dire que la profondeur de la zone racinaire est égale à 40 cm, une profondeur insuffisante pour les cultures de l'oasis et surtout pour les palmiers dattiers. Pour X0(50), h(50)=3.6 m à ce niveau la zone racinaire est de l'ordre de 1m, profondeur suffisante pour les cultures maraichères mais qui présente encore des problèmes pour les palmiers (dont la zone racinaire atteint 1.8 m).Donc pour mettre fin à ce problème et assurer un rendement cultural maximal, la mise en place d'un réseau de drains enterrés qui abaisse le niveau du toit de la nappe et donne des bons résultats pour la zone racinaire.

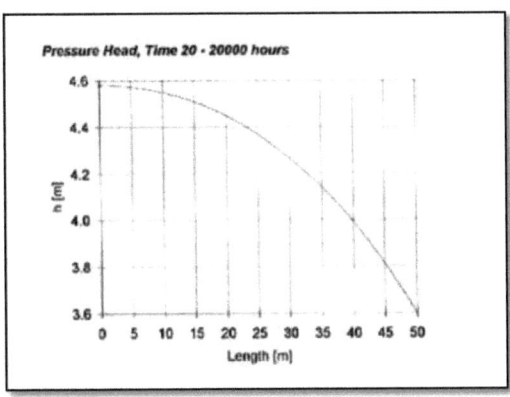

Figure 71 : Forme de la nappe en fonction de X

Dans le cas d'une nappe drainée, les profils verticaux de pression au-dessus du toit de la nappe sont identiques (figure 72).

Ce n'est qu'à proximité du fossé que les profils de pression sont modifiés (figure 73), mais dans des proportions faibles.

Nous en avons conclu que le flux horizontal dans la zone non-saturée ne pouvait être généré que dans la « zone de transition », et que dans cette zone le gradient hydraulique horizontal était contrôlé par la pente locale de la nappe et la distribution verticale des pressions *(KAO, 2002)*.

La zone de transition, ou dite aussi la frange capillaire est généralement définie comme une zone e tension saturée au-dessus de la nappe phréatique, soit une zone où la pression est variable et la teneur en eau proche de la saturation *(Gillham, 1984)*.Elle est en général désignée par γ.

D'après *(KAO ,2002)*, une quantification de la partition des flux au-dessus de la nappe peut être proposée, en écrivant pour une abscisse xi donnée la composante horizontale Q_{us} du flux transitant dans la zone non-saturée au dessus de la nappe :

$$Q_{us}\ (Xi) = \int_{z0}^{z0+\gamma} K(h) \cdot \frac{\partial \varphi}{\partial X}\, dz$$

Pour un z donné, on a :

$$\frac{\partial \varphi}{\partial X} = \frac{\partial h}{\partial X} = \frac{h(x+dx,z)-h(x,z)}{dx}$$

Considérant la différence de niveau du toit de la nappe entre x et x + dx, on a : $z_0(x+dx) = z_0(x) - dz_0$.

En faisant l'hypothèse que le profil vertical de pression se conserve selon x, on a donc :

$$h(x+dx, z) = h(x, z + dz_0)$$

Alors, le gradient horizontal de charge se réduit à :

$$\frac{\partial h}{\partial x} = \frac{h(x, z+dz_0) - h(x, z)}{dx}$$

En introduisant l'expression de la pente locale de la nappe : $i(x) = \frac{dz_0}{dx}$

Et en écrivant que :

$$dh = \frac{\partial h}{\partial x} dx + \frac{\partial h}{\partial z} dz = 0 \text{ si } dz = i(x).dx$$

il vient donc :

$$-\frac{\partial h}{\partial x} = \frac{\partial h}{\partial z} i(x)$$

Finalement, l'expression de la composante horizontale du flux dans la zone non-saturée au dessus de la nappe peut s'écrire :

$$Q_{us}(Xi) = \int_{z_0}^{z_0+\gamma} K(h).(x).\frac{\partial h}{\partial z} dz$$

Or l'équation de Darcy dans l'état d'équilibre et pour un écoulement vertical:

$$-\frac{\partial h}{\partial x} = \frac{q_{in}}{k(h)} + 1$$

Avec

h: la pression de l'eau (<0, [L])

z : l'élévation [L]

qin : (<0) vertical infiltration flux [LT^{-1}]

K (h) :la conductivité hydraulique non saturé [LT^{-1}]

Ainsi, en introduisant cette équation dans l'expression de $Q_{us}(Xi)$ on peut écrire :

$$Q_{us}(Xi) = -i(Xi).(\gamma.q_{in} + \int_{z_0}^{z_0+\gamma} K(hz).dz)$$

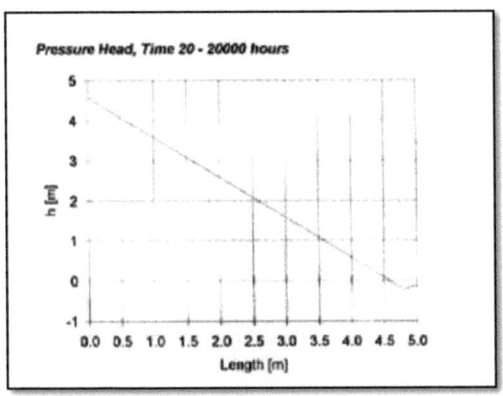

Figure 72 : Profil vertical de la charge (h(z)) au dessus de la nappe pour la position Z0(0) du toit de la nappe

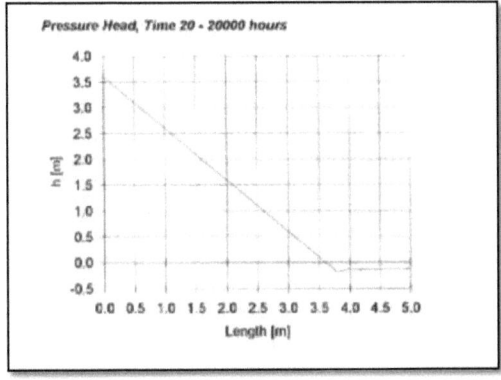

Figure 73 : Profil vertical de la charge (h(z)) au dessus de la nappe pour la position Z0(L) du toit de la nappe

Conclusion :

Les résultats de la modélisation des écoulements dans un fossé de drainage rempli tenant compte de la zone non saturée confirment que le réseau de drainage actuel souffre de plusieurs déficiences et que la zone saturée de la nappe est toute proche de la surface du sol empêchant ainsi un développement normal des cultures de l'oasis.

Conclusion générale et recommandations :

L'étude de la nappe superficielle de l'oasis de Mahjoub et son réseau de drainage a permis de déduire d'après :

- L'analyse des cartes de profondeur d'eau ainsi que leurs coupes que l'oasis est découpée en deux parties, une partie sud où se concentrent les puits de surface dont la profondeur varie entre 2.2 m et 4.6 m, et une partie nord, c'est la zone basse, dont la profondeur varie entre 1.5 m et 2.1 m. Cette dernière nécessite une intensification du réseau de drainage. Aussi ces analyses ont révélé que le collecteur principal n'est pas entrain d'évacuer les eaux de drainage puisque la profondeur de l'eau au niveau du collecteur est supérieure à celle du niveau des fossés et des drains.
- L'analyse des cartes piézométriques que la nappe est sollicitée au pompage, que le NP de la zone d'exploitation (sud) est élevé par rapport à celui de la zone drainée (nord) et que cette dernière nécessite un entretien au niveau des fossés à ciel ouvert surtout le fossé 1, à cause des herbes qui freinent l'écoulement des eaux et peut être que quelques tronçons de ces fossés ont des problèmes de dégradation des talus.
- L'analyse des cartes de la conductivité électrique et leurs coupes que la salure est entrain d'augmenter verticalement et horizontalement d'une manière plus ou moins hétérogène : on distingue toujours deux zones différentes, une zone comportant les puits de surface, ayant une conductivité électrique et donc une salinité élevée, mais qui reste toujours inférieure à celle de la zone humide où la salure est très prononcée prouvant des problèmes nécessitant des solutions d'urgence au niveau du réseau de drainage, qu'il existe un obstacle au niveau du drain, que la perméabilité, et la vitesse d'infiltration de la zone nord de l'oasis Mahjoub sont inférieures à celles de la zone sud et que l'augmentation de la salure pendant le mois d'Aout par rapport au mois de Mai est due à l'augmentation de la température et donc de la demande évaporative.
- L'analyse des cartes des concentrations en chlorures de sodium et en chlorures et leurs coupes que les concentrations au nord de l'oasis sont supérieures à celles au sud de l'oasis.
- La modélisation des écoulements dans un fossé de drainage rempli tenant compte de la zone non saturée montre qu'il est nécessaire d'intensifier le réseau de drainage enterré puisque la zone saturée de la nappe atteint 4.6 m tandis que le plancher imperméable est à 5 m.

Ainsi pour mettre fin à ces problèmes et assurer un fonctionnement efficace du réseau de drainage et donc un bon rendement agricole il faut :

- Une intensification du réseau de drainage dans la zone basse (nord de l'oasis) et non pas dans la zone nord où le niveau de l'eau de la nappe est profond.
- Un curage suivi d'un recalibrage des fossés afin d'empêcher toutes les stagnations et les accumulations et pour améliorer l'hydraulicité des collecteurs.
- Une gestion et une réorganisation de la distribution de l'eau de l'irrigation : redéfinition des besoins en eau des cultures et conception du tour d'eau.
- Une mise en place d'une stratégie de suivi et de contrôle continus de l'évolution de la salure pour réajuster les doses de lessivage en fonction de l'évolution de la salinité

Références bibliographiques :

*Abbasi, F., Feyen, J. et Van Genuchten, M.T., 2004. "Two-dimensional simulation of water flow and solute transport below furrows: Model calibration and validation". Journal of Hydrology, 290(1-2): 63-79.

*Abbasi, F., Simunek, J., Feyen, J., van Genuchten, M.T. et Shouse, P.J., 2003. "Simultaneous inverse estimation of soil hydraulic and solute transport parameters from transient field experiments: Homogeneous soil". Transactions of the Asae, 46(4): 1085-1095.

* Abbaspour, K.C., Kohler, A., Simunek, J., Fritsch, M. et Schulin, R., 2001. "Application of a two-dimensional model to simulate flow and transport in a macroporous agricultural soil with tile drains". European Journal of Soil Science, 52(3): 433-447.

*Abbasi, F., Feyen, J. et Van Genuchten, M.T., 2004. "Two-dimensional simulation of water flow and solute transport below furrows: Model calibration and validation". Journal of Hydrology, 290(1-2): 63-79.

* Aljane Z.,2012 :Impact du barrage souterrain Oum lagsab sur la nappe Gafsa.Mémoire PFE,INAT,41p.

*BELFORT .,2006 :'' modélisation des écoulements en milieux poreux non saturés par la méthose des éléments finis mixte hybrides'''' Université Louis Pasteur - CNRS Institut de Mécanique des Fluides et des Solides.

*Bielders C.et Persons E., 2002. Cours d'Améliorations Foncières, Université catholique de Louvrain. France.

* Bielders, C., 2001-2002. "Drainage Agricole 1", Notes de cours d'Améliorations foncières. Université catholique de Louvain, 59pp.

*Bragan, R.J., Starr, J.L. et Parkin, T.B., 1997. "Acetylene transport in shallow groundwater for denitrification rate measurement". Journal of Environmental Quality, 26: 1524-1530.

*Chaouachi I,2010 : Etude d'assainissement et de drainage de PPI de rive gauche de Mjez el beb .PFE,INAT,1p.

*CRDA Gabès., 2005 : Projet d'économie d'eau dans les oasis de Gabès. CRDA, Gabès.

*CRDA Gabès., 2006 : Données de la température en 2006.CRDA, Gabés.

*CRDA Gabès., 2011 : Rapport pédologique et hydraulique. CRDA, Gabès.

*CRDA Gabès., 2014 : Données pluviométriques. CRDA, Gabès.

*de Vos, J.A., Hesterberg, D. et Raats, P.A.C., 2000. "Nitrate leaching in a tile-drained silt loam soil". Soil Science Society of America Journal, 64(2): 517-527.

*de Vos, J.A., Raats, P.A.C. et Feddes, R.A., 2002. "Chloride transport in a recently reclaimed Dutch polder". Journal of Hydrology, 257(1-4): 59-77.

* Eching, S.O. et Hopmans, J.W., 1993. "Optimization of hydraulic functions from transient outflow and soil water pressure data". Soil science of American Journal, 57: 1167-1175.

*FAVROT J.c., ZIMMER D., 1988 - Recherches sur l'évaluation du fonctionnement des réseaux de drainage par l'association d'enquêtes auprès d'agriculteurs et d'examens de profils sur drains. Actes du séminaire.

*FAVROT J.c., LESAFFRE B., 1987 - Défauts de fonctionnement et réhabilitation de réseaux de drainage souterrain. Actes du Be congrès de la Commission Internationale des Irrigations et du Drainage, Casablanca,

Q40, R65, 993-1010.

*GDA Bir Mahjoub Gabès.,2014 : Les données de pompage.GDA,Gabès.

*Gerke, H.H. et Kohne, M.J., 2004. "Dual-permeability modeling of preferential bromide leaching from a tile-drained glacial till agricultural field". Journal of Hydrology, 289(1-4): 239-257.

* GILLHAM R.W., 1984, "The capillary fringe and its effect on water-table", J. Hydrol., 67, 307-324.

*Gribb, M.M. et Sewell, G., 1998. "Solution of ground water flow problems with general purpose and special purpose computer codes". Ground Water, 36(2): 366-372.

*Inoue, M., Simunek, J., Shiozawa, S. et Hopmans, J.W., 2000. "Simultaneous estimation of soil hydraulic and solute transport parameters from transient infiltration experiments". Advances in Water Resources, 23(7): 677-688.

*Jacques, D., Simunek, J., Timmerman, A. et Feyen, J., 2002. "Calibration of Richards' and convection-dispersion equations to field-scale water flow and solute transport under rainfall conditions". Journal of Hydrology, 259(1-4): 15-31.

*J. Demarty., 2001 ,,"Développement et application du modèle SiSPAT-RS à l'échelle de la parcelle dans le cadre de l'expérience Alpilles ReSeDA ,," thèse, Université Denis Diderot de Paris 7 Spécialité : Méthodes Physiques en Télédétection.

* KAO, C.,2002. "Fonctionnement hydraulique des nappes superficielles de fonds de vallées en interaction avec le réseau hydrographique." Thèse de Doctorat à l'Ecole Nationale du Génie Rural, des Eaux et Forêts Centre de Paris.

*Lamarre G, 2014.Evaluation de l'efficacité des réseaux de drainage souterrain, p10.In :L'élaboration d'une méthode de diagnostic des réseaux de drainage existants, Montérégie, Québec.

*MUSKAT M., 1946. "The flow of homogeneous fluids through porous media". J.W. Edwards, Inc. (Publ.), Ann Arbor, MI. 721 p. + annexes.

*M. Javaux, M. Vanclooster (2007), "Modélisation transfert d'eau et solutés dans le sol"

*Pang, L., Close, M.E., Watt, J.P.C. et Vincent, K.W., 2000. "Simulation of picloram, atrazine, and simazine leaching through two New Zealand soils and into groundwater using HYDRUS-2D". Journal of Contaminant Hydrology, 44(1): 19-46.

*Mishra, S. et Parker, J.C., 1989. "Parameter estimation for coupled unsaturated flow and transport". Water Resources Research, 25(3): 385-396.

*Paris Anguela T., 2004. Etude du transfert d'eau et de solutés dans un sol à nappe drainée artificiellement. Mémoire de thèse de doctorat, ENGREF.

*Parker, J.C., Kool, J.B. et van Genuchten, M.T., 1985. "Determining soil hydraulic properties from one-step outflow experiments by parameter estimation. II. Experimental studies". Soil Science Society of America Journal, 49: 1354-1359.

*Van Dam, J.C., Stricker, J.N.M. et Droogers, P., 1992. "Evaluation of the inverse method for determining soil hydraulic properties from one-step outflow data". Soil Science Society of America Journal, 56: 1042-1050.

* Ventrella, D., Mohanty, B.P., Simunek, J., Losavio, N. et van Genuchten, M.T., 2000. "Water and chloride transport in a fine-textured soil: Field experiments and modeling". Soil Science, 165(8): 624-631.

*SCHNEEBELI G., 1966. "Hydraulique souterraine". Collection du Centre de recherches et d'essais de Chatou. Eyrolles (Publ.), Paris. 357 p.

*Simunek, J., M., Sejna et van Genuchten, M.T., 1996. HYDRUS-2D. Simulating Water Flow and Solute Transport in Two Dimensional Variably Saturated Media. U.S. Salinity Laboratory, U.S.D.A., Agriculture Research Service, Riverside, CA.

*Simunek, J., M., Vogel, T. et van Genuchten, M.T., 1994. The SWMS2D code for simulating water flow and solute transport in two-dimensional variably saturated media. Technical report version 1.1.

*Stamm, C., Sermet, R., Leuenberger, J., Wunderli, H., Wydler, H., Fluhler, H. et Gehre, M., 2002. "Multiple tracing of fast solute transport in a drained grassland soil". Geoderma, 109(3-4): 245-268.

*Rbahi N,2013 :Etude de l'impact de la recharge artificielle par les eaux du barrage de Nebhana sur la nappe cotière de Téboulba (Sahel oriental) en Tunisie.Mémoire PFE,INAT,38p.

*Zimmer D.,1990 :Méthodologie d'évaluation du fonctionnement des réseaux de drainage enterré.CEMAGREF,Cedex,France,3p.

Les références électroniques :
*Vander Veen S., 2010 : Exploitation et entretien d'un réseau de drainage. Disponible sur : < http://www.omafra.gov.on.ca/french/engineer/facts/10-092.htm> (consulté le 01.11.2014).

ANNEXES

Annexe 1 : Tableau 1 : Pluviométrie mensuelle en (mm) de l'année 2003 à l'année 2013 à la station Ghannouch *(CRDA, 2014)*

Année	Septembre	Octobre	Novembre	Décembre	Janvier	Février	Mars	Avril	Mai	Juin	Juillet	Aout	Total annuel
2003-2004	67	6,7	6	58	12,6	3	25,5	12	0	0	0	0	190,8
2004-2005	15	1,5	16	8,5	0,3	9,2	6,5	5	0	13	0	0	75
2005-2006	53,5	27,5	4,2	60,5	50	2,5	2,5	8,5	9	1,5	0	2	221,7
2006-2007	118	9	131,5	39,5	0	20	64,5	54	2,5	0	0	0	439
2007-2008	0	97	0	39,5	2	0,5	9	2,5	0	0	0	0	150,5
2008-2009	3	2	24	8	54,5	0	8,5	15	12	0	0	0	127
2009-2010	74,5	5	1	0	1	0	3	26,8	4,5	0	0	0	115,8
2010-2011	45,5	20,8	18,5	12	12	9	14,5	3	5,5	0	0	0	140,8

	3,5	53,5	0	0	18	10,5	62,5	25	5	0	0	0	178
2011-2012													
2012-2013	0	24	2	0	0,5	2	11	7	2	0	0	16	64,5

Annexe 2 : Tableau 2 : Température Journalière et moyenne mensuelle des mois Mai, Juin, Juillet et Aout 2014 *(CRDA ,2014)*

MOIS	T (°C)
01-mai	22
02-mai	22,2
03-mai	21,3
04-mai	21,5
05-mai	21,3
06-mai	21,6
07-mai	23
08-mai	22,2
09-mai	21,9
10-mai	22,9
11-mai	24,6
12-mai	25,8
13-mai	27
14-mai	21,9
15-mai	18,9
16-mai	18,9
17-mai	19,4
18-mai	20,7
19-mai	23,5
20-mai	23,7
21-mai	24,3
22-mai	24,3
23-mai	22,8
24-mai	22,3
25-mai	23,5
26-mai	22,9
27-mai	22,1

28-mai	22,1
29-mai	22,2
30-mai	23,3
31-mai	23,1
Moyenne	22,19032

MOIS	T (°C)	MOIS	T (°C)	MOIS	T (°C)
01-juin	23,3	01-juil	28,7	01-août	32,8
02-juin	22,5	02-juil	21,6	02-août	32,4
03-juin	22,2	03-juil	29,4	03-août	34,7
04-juin	23,2	04-juil	32,2	04-août	32,1
05-juin	25,5	05-juil	30,1	05-août	32
06-juin	25,2	06-juil	30,4	06-août	32,6
07-juin	25,8	07-juil	32,6	07-août	31,9
08-juin	24,7	08-juil	31,3	08-août	33,6
09-juin	24,3	09-juil	30,2	09-août	32,3
10-juin	24,1	10-juil	29,4	10-août	31,7
11-juin	24,3	11-juil	29,7	11-août	34,1
12-juin	24,7	12-juil	29,8	12-août	34,1
13-juin	25,6	13-juil	29	13-août	36,7
14-juin	27	14-juil	30,5	14-août	32,7
15-juin	28,7	15-juil	30,8	15-août	31,4
16-juin	28	16-juil	32	16-août	31,7
17-juin	26,5	17-juil	32,2	17-août	30,8
18-juin	27,8	18-juil	31,8	18-août	33,8
19-juin	26,9	19-juil	33,9	19-août	35
20-juin	26,4	20-juil	35,5	20-août	33,1
21-juin	25,5	21-juil	31,7	21-août	31,9
22-juin	26,9	22-juil	31,7	22-août	33,9
23-juin	29,2	23-juil	31,1	23-août	32,5
24-juin	30,3	24-juil	32	24-août	31
25-juin	30,6	25-juil	33,9	25-août	31,7
26-juin	28,6	26-juil	34,9	26-août	32,7
27-juin	28,4	27-juil	32,8	27-août	31,8
28-juin	30,1	28-juil	31,8	28-août	31,8
29-juin	33,9	29-juil	34,1	29-août	33,2
30-juin	30,3	30-juil	31,3	30-août	31,7
Moyenne	26,68333	31-juil	31,4	31-août	33,1
		Moyenne	31,21935	Moyenne	32,73548

Oui, je veux morebooks!

I want morebooks!

Buy your books fast and straightforward online - at one of the world's fastest growing online book stores! Environmentally sound due to Print-on-Demand technologies.

Buy your books online at

www.get-morebooks.com

Achetez vos livres en ligne, vite et bien, sur l'une des librairies en ligne les plus performantes au monde!
En protégeant nos ressources et notre environnement grâce à l'impression à la demande.

La librairie en ligne pour acheter plus vite

www.morebooks.fr

SIA OmniScriptum Publishing
Brivibas gatve 1 97
LV-103 9 Riga, Latvia
Telefax: +371 68620455

info@omniscriptum.com
www.omniscriptum.com

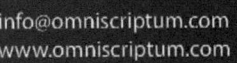

Printed by Books on Demand GmbH, Norderstedt / Germany